蒲公英**科学新知**系列

看，那些惊人的纪录

Kan, naxie jingren de jilu

米家文化 编绘

浙江教育出版社·杭州

写在前面的话

在孩子们的眼中，世界的一切都是新奇的：每一片树叶的背后、每一块石头的下面、每一朵白云的上面，似乎都隐藏着许多神奇的秘密——

“世界上到底有多少种动物？”

“宇宙到底有没有尽头？”

“人类可以建造像珠穆朗玛峰一样高的楼房吗？”

“如何发明一辆会飞的汽车？这样真的就不会堵车了吗？”

“机器人真的会统治人类吗？”

……

亲爱的爸爸妈妈，当你们被孩子问得团团转的时候，千万别不耐烦。要知道孩子们打破砂锅问到底的精神，是多么的可贵：当一个人不再对这个世界拥有好奇心的时候，

并不意味着他长大了，而只能说明他的心在缓缓地变老，他的精神在慢慢地枯萎。这该是一件多么可怕的事情啊！

当你打开这套书的时候，别怪我没有提醒你——那美得像画一样的自然杰作，那蕴含着无数宝藏的神秘海洋，那看似高深莫测的奇特动物，那常人不可企及的极端纪录，那灵感突现的奇妙发明，那永记人心间的伟大瞬间……这个世界每天都在上演奇迹与创造新的历史，这一切无不让你目瞪口呆、啧啧称奇。

日新月异的科学技术将带领孩子们更好地认识世界，增强他们探索未知领域的信心与勇气。来吧，所有好奇心十足的孩子们，让我们从这里起程，踏上奇妙无比的求知之旅！

目录 CONTENTS

一起勇攀科学高峰！

快让你的大脑

动起来吧！

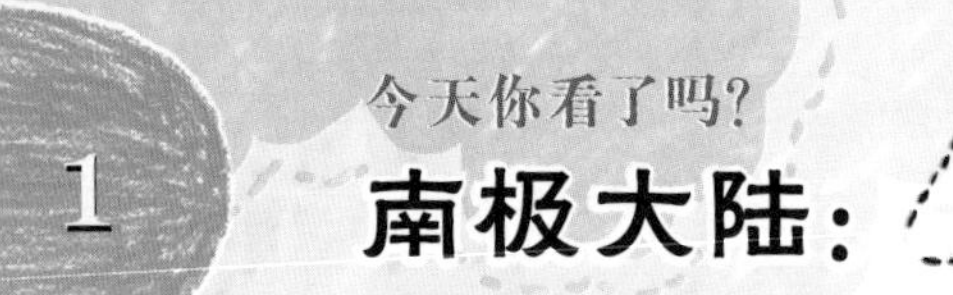

今天你看了吗?

1 南极大陆：狂风的宠儿

分布在地球两端的南极和北极是两片冰雪王国，它们都是狂风妈妈的宠儿。可与北极比起来，南极似乎更受妈妈的喜爱，因为它有着其他地区难以匹敌的风力——最大风速约100米/秒，相当于12级台风的3倍。因此，它毫无悬念地成为世界的风极。

南极的天气说变就变，眼前明明是阳光明媚的好天气，转瞬间就乌云密布，狂风大作。大风有时一刮就好几天，有时会突然停止，让人捉摸不定。就连最有经验的气象学家在预报南极天气时也会感到十分困难。当风暴来临，漫天的雪花被狂风吹得像子弹一样，嗖嗖地在空中疾驰而过。也许，

这样的大雪也只有在南极这个世界风极才能看到吧！

南极大陆看起来十分“孤傲”，一年四季都穿着白色的衣裳。事实证明，它与另外六个大陆兄弟相比是最难接近的。这么多年以来，南极大陆都孤身独处。它不仅与其他大陆相距遥远，而且周围还环绕着数千万平方千米的冰盖和浮冰。冬天时浮冰的面积可达1900万平方千米；即使在夏天，其面积也有260万平方千米。南极，正是用这种方式与世隔绝着。

或许，你会觉得南极大陆太“冷漠”，可它的生活并不单调，在这里居住着帝企鹅、磷虾、豹形海豹等动物，它们一年四季快乐地生活在一起，不离不弃。

别看南极大陆白茫茫一片，貌似“家徒四壁”，实际上，它可是十分富有的呢！在冰盖的下面，蕴藏着铁、石油、煤等丰富的矿产，以及很多并未被发掘的资源。看来，南极还真是“深藏不露”呢！

低调的“明星”

在亚洲、欧洲、非洲、大洋洲、北美洲、南美洲各地的人们开始彼此了解、深入交往的时候，南极大陆还处于不为人知的“隐居”状态。

由于南极独特的地理环境，人们很难发现它。但它终究敌不过人类越来越先进的勘测技术，终于被“捕捉”到了。从此，冷艳、富有、低调的它开始进入人们的视野，一跃成为南半球耀眼的“明星”。

深藏百万年的冰芯

2006年1月26日，一支南极考察队在南极冰盖下约3000米的地方钻得了冰芯。

据估计，这可能是世界上最古老的冰芯，约有100万年的

历史。冰芯中含有许多气泡，也就是说，这些气泡里面的气体，很有可能是100万年前留下来的！

通过研究气泡里的气体，我们不但可以了解以前的地球环境，还可以预测地球今后的气候变化呢！瞧，南极大陆真是“卧虎藏龙”之地，它无穷的奥秘正等待我们去探索！

没有狗的大陆

南极大陆可以说是全世界唯一没有狗的地区。南极条约组织出于保护南极环境的考虑，1991年在西班牙马德里发布南极禁狗令。

遵照禁令，当时在南极的各国考察队员不得不向带来欢乐和情感慰藉的爱犬们说再见，依依不舍地送它们离开。所有的犬只于1994年初全部撤离南极地区。

此后，驻扎在南极的各国科考队伍就没有狗狗的陪伴了。

今天你看了吗?

青藏高原：世界“第三极”

自印度洋板块与亚欧板块碰撞以来，有一块夺目的“钻石”遗落在了亚洲中部北纬26°～40°、东经73°～105°之间的土地上。随着历史的冲刷和时间的打磨，这块“钻石”变得越来越美丽，成为世界的奇迹——青藏高原。

青藏高原作为大自然妈妈的宠儿，受到了特别的优待！你看，它有着最骄傲的“身高”——平均海拔在3500米以上，因此，人们赋予它“世界屋脊”和“第三极”的响亮称号。如果说南极和北极是因为它们处于地球的两端而被称为“极”，那么青藏高原就是凭借自己独有的“身高”当之无愧地成为世界的“第三极”。它总是站着，尽情地享受着风的抚摸。风总会将它身上多

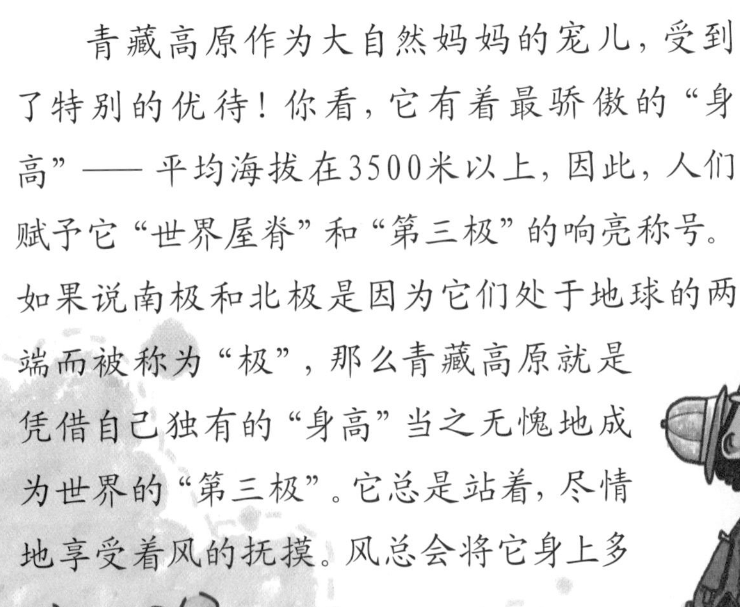

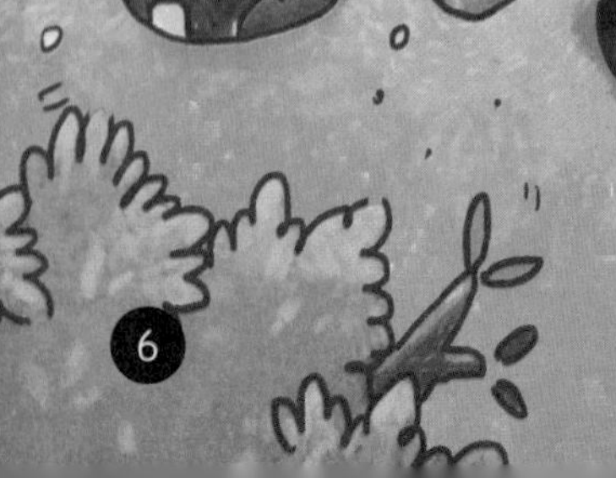

余的尘土带去远方，说不定你脚下的某粒微尘就是从青藏高原那儿飘来的呢。

别看青藏高原上遍布冰川，一副冷冰冰的样子，其实它还是挺友善的。这里主要有昆仑山脉、喀喇昆仑山脉、唐古拉山脉、冈底斯山脉、喜马拉雅山脉等。它们如同好友携手，在一起度过了无数个春秋，难舍难分。

虽然青藏高原很友善，可要是发起脾气来，也是很可怕的，那一次次的雪崩不就是它的怒吼吗？

青藏高原不仅有傲骨，也有柔肠，不过它骨子里的那股温柔一般很难让人看到，因为它将自己的温柔埋藏得极深，那一个个美丽的湖泊便是最好的明证！

年轻的高原

传说，在2.8亿年前，青藏高原只是一片波涛汹涌的辽阔海洋，后人给它起了个奇特的名字——特提斯海。那时的特提斯海气候温暖，孕育了许多海洋生物。

4000万年后，青藏高原在大陆板块的挤压运动中隆起形成。它的形成并不是一蹴而就的，在1万年前，其上升速度曾达到每年7厘米。至今，它仍以年平均5～6毫米的速度继续上升。

你千万不要被它的岁数吓到，虽然和你比起来，它的确年长了很多，但和同伴比起来，它算挺年轻的呢！

好心肠的“巨人”

青藏高原的庞大“身躯”可不光是用来看的，它还有一个与生俱来的本事——抵御冷空气。它就像一道高大的屏风，有效地阻挡了来自北方大陆的寒冷空气，令它们无法进入南亚，这也是南亚温暖湿润气候形成的重要原因之一。

幸好青藏高原能够抵挡寒冷气流的入侵，不然，就那么任由冷空气长驱直入内陆地区的话，人类可就要经历极度寒冷的冬天啦。

消失的王国

青藏高原给人的印象一直是荒无人烟的，可又有谁会想到，青藏高原曾经也有过了不起的文明和灿烂的文化呢！

在吐蕃王朝晚期，一个名为古格的王国曾雄霸一方。这个神秘的王国辉煌一时，在300多年前因战乱由盛而衰，逐渐灭亡，只有那些佛塔和寺庙证明它曾经存在过。

古格，从此成为青藏高原这片神奇土地上的谜中之谜。

3

今天你看了吗？

阿空加瓜山：世界上最高的死火山

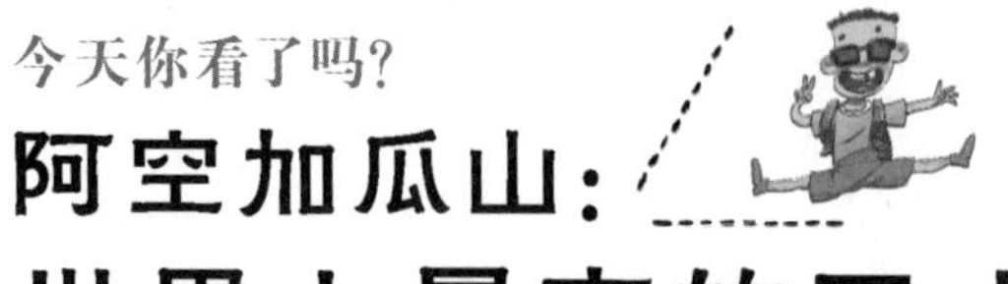

地球妈妈亲切和蔼，但它却有着六个十分调皮的孩子——地壳的六大板块。它们可不是一般的顽皮，每次打架都会把地球妈妈折腾得够呛。

这不，在6500万年～260万年前，大洋板块突然不高兴了，它猛地减小俯冲角度，于是产生了“逆冲断层”，这可引起了不小的反响呢。

它将南美洲南纬32°39′、西经70°1′处的一座默默无闻的小火山变成了一个伟岸的“巨人”。这个“巨人”就是目前世界上公认的最高的死火山——阿空加瓜山，它有6960米高呢！

虽然阿空加瓜山是一座火山，但它的“脾气”却好得不得了，据说人类历史上还没有它重新爆发过的记录呢！看来，它的确是个安静的“巨人”。不过，阿空加瓜山不爆发可不是它自愿的，这都是调皮的大洋板块造成的。虽然大洋板块的运动使阿空

加瓜山的“身高”增加了不少，但也关闭了它的火源，让它无法喷发。

俗话说“高处不胜寒”，可不是吗？阿空加瓜山就是因为长得太高，所以它的“头顶”一直饱受冰雪的折磨。

由于纬度高，它的峰顶气候接近极地气候，峰顶覆盖着厚达90米的积雪，远远望去，就像戴了一顶厚厚的大帽子。

不过，这个冰冷的“巨人”可憋着“一肚子”火，形成了许多温泉。这些温泉时时刻刻提醒我们：阿空加瓜山是一座火山！

最年轻的征服者

自从第一个攀登者成功登上阿空加瓜山之后，无数登山爱好者向阿空加瓜山发起挑战，试图征服这个“巨人”。

每年约有3000人攀登阿空加瓜山，大概有70%的人能够登顶。

可你肯定想不到，2013年，美国9岁的小男孩泰勒·阿姆斯特朗成功登顶阿空加瓜山，成为最年轻的征服者。谁说年纪小不能攀登高峰？有志者事竟成！当然，小朋友登山可要做好充分的准备哦！

“忏悔的人们”

阿空加瓜山山区有各种各样的景色，沿着山路行走，你总能发现惊喜。

在这些惊喜中，最吸引人的就是“忏悔的人们”了。

你是不是很好奇，真的会有人站在山上忏悔吗？其实，它们并不是真的人，而是阿空加瓜山上印加桥附近的一组高大的岩石峰。这组岩石峰看起来像一群低头肃立的人，所以被当地人戏称为“忏悔的人们”。看来，当地人真是充满丰富的想象力呢！

高山争霸赛

人们都认为，阿空加瓜山是南美洲第一高峰，它凭借6960米的“身高”已经在这个宝座上稳坐多年了。可是，随着六大板块的不断运动，它的王者地位正面临着挑战。

这不，汉科乌马山以6427米的“身高”缓缓逼近阿空加瓜山，将来有可能夺取南美洲第一高峰的位置哦。

4

今天你看了吗？

艾尔斯岩：世界上最大的岩石

说到山，我们都会很自然地联想到树木茂密、繁花盛开、鸟鸣虫叫瀑布倾泻的美景。可是在澳大利亚的乌卢鲁-卡塔曲塔国家公园里却有着由一整块岩石构成的山——艾尔斯岩，它上面连一棵草都没有长，看上去光秃秃的。它可是世界上最大的独体岩石！

艾尔斯岩是一块巨大的独体岩石，它长约3.6千米，宽约2千米，高335米，这硕大无比的“身躯”让周围的一切都显得非常渺小。艾尔斯岩不仅“身躯”庞大，年纪也不小呢。这块红色巨石已经在红土中心的沙漠地带屹立了上亿年，历经了上亿年的风风雨雨呢！

虽然艾尔斯岩有着尊贵的地位，但它是一位谦虚的“长者”。我们现在看到的其实并不是它“身体”的全部，而只是冰山一角，它把自己“身体”的更大部分隐藏在了地表之下，足足有6000米深呢！不过这可一点也不影响它的地位，因为，仅仅是它露出地表的部分就已经堪称世界上最大的独体岩石啦！看来，它“隐居”的一片苦心全白费了。

艾尔斯岩不仅是石头王国的“长老”，还是原住民心中的一块圣地。在他们眼中，乌卢鲁是这片土地的灵魂与心脏，是一块不容侵犯的圣石。因此，1985年10月，艾尔斯岩作为乌卢鲁-卡塔曲塔国家公园的一部分，被政府归还给原住民。原住民则将巨石及其所属的国家公园租借给政府，为期99年。

爱漂亮的“模特”

艾尔斯岩虽然年纪大，却是个十分爱漂亮的“模特”。它的表面会随着时间和天气的变化而变换各种颜色，就像一件件多彩的“新衣”，相当时尚。

当太阳从沙漠的边际冉冉升起时，它会身着浅红色的盛装，鲜艳夺目、壮丽无比地迎接新的一天。

到了中午，它又会披上橙色的外衣。

等到夜幕降临时，它又匆匆换上黄褐色的晚礼服，风姿绰约地去赴一场浪漫的约会。

会“变脸”的石头山

艾尔斯岩还有一个拿手绝活——“变脸”。

你要是仔细观察，就会发现它“脸”上有的地方像是一朵巨大的蘑菇，有的地方像是雄壮的狮身，有的地方像是突起的高大驼峰，有的地方像是连绵起伏的山峦……

就在你感叹它的“脸”千变万化的瞬间，它又变出了一个巨大的瀑布群。再看，它又变出了一对嬉戏打闹的母子狮。在它的“脸”上，你还能看见浩浩荡荡的人群和一片片性感的“嘴唇”呢，这些“嘴唇”或大张或微闭，真像是在唱歌。

看样子，它这“变脸”的绝活可是要赶上川剧变脸大师啦！

水神的化身

每个神秘的地方总会伴有一些古老的传说，乌卢鲁自然也不例外。

传说，乌卢鲁是水神库尼亚大战蛇怪利鲁后留下的，在战胜利鲁之后，库尼亚就化身水神守护着乌卢鲁及当地的居民。

神奇的是，原住民长期赖以生存的水源——穆迪丘鲁水潭从来没有干涸过呢。

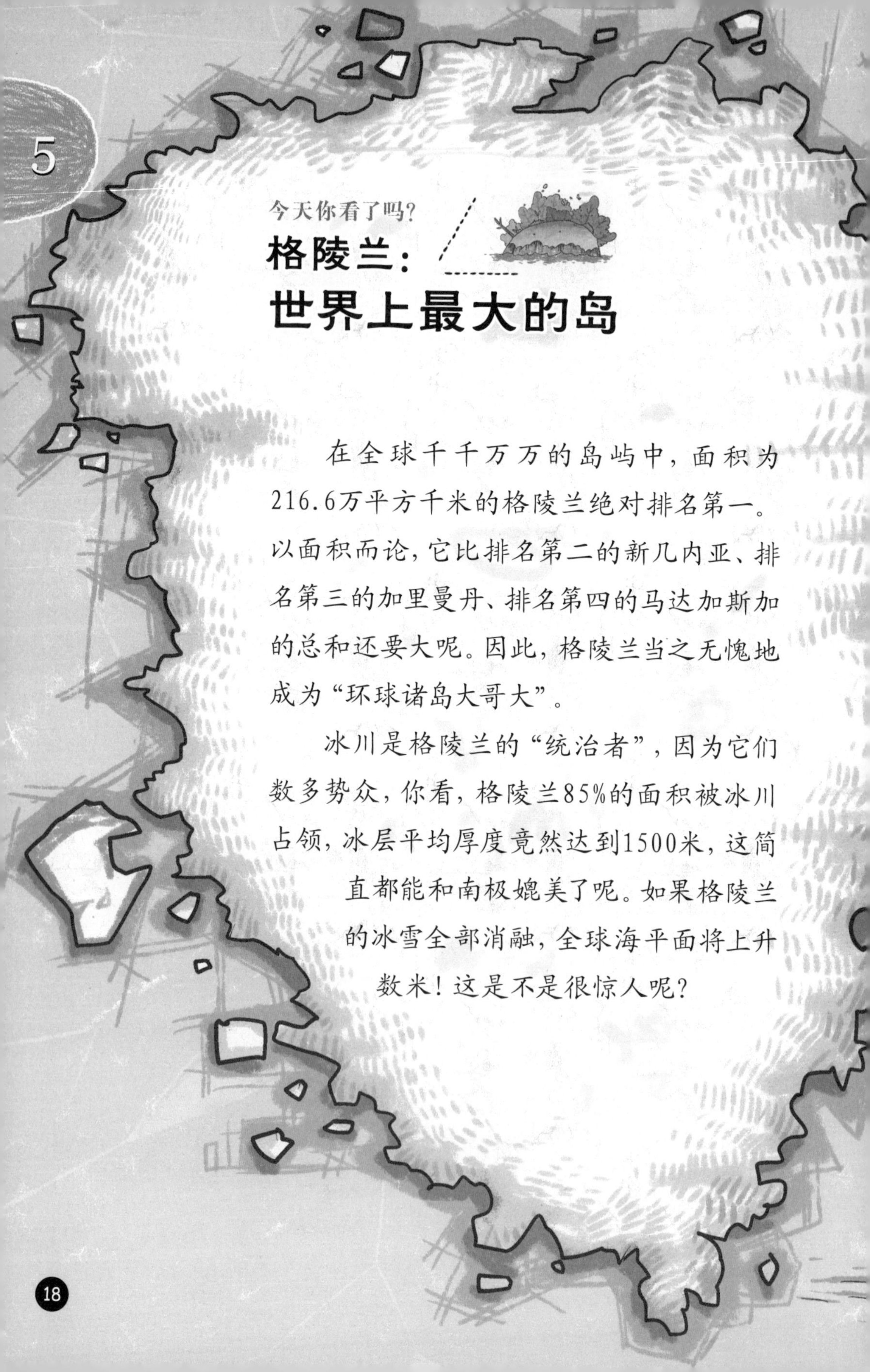

5

今天你看了吗?

格陵兰:世界上最大的岛

在全球千千万万的岛屿中，面积为216.6万平方千米的格陵兰绝对排名第一。以面积而论，它比排名第二的新几内亚、排名第三的加里曼丹、排名第四的马达加斯加的总和还要大呢。因此，格陵兰当之无愧地成为“环球诸岛大哥大”。

冰川是格陵兰的“统治者”，因为它们数多势众，你看，格陵兰85%的面积被冰川占领，冰层平均厚度竟然达到1500米，这简直都能和南极媲美了呢。如果格陵兰的冰雪全部消融，全球海平面将上升数米！这是不是很惊人呢？

大部分时间，格陵兰都将自己封闭在巨大的冰盖下，中部地区最低的月平均温度为－47℃，绝对最低温度竟然达到了－70℃，是地球上仅次于南极洲的第二个“寒极”呢。特别是到了极夜的时候，气温冷到让你尖叫！

从空中俯瞰，格陵兰就像一片辽阔空旷的荒野，冰原上点缀着少数突兀的山峰，形成冰原“岛峰”景象。

但从地面看去，格陵兰的夏天却是五彩缤纷的，海岸附近的草甸盛开着紫色的虎耳草和黄色的罂粟花，还有一些矮小的桦树丛。这些生机勃勃的植物可真是颠覆了格陵兰以往那冷漠的形象呢！

年纪最大的岛

格陵兰不仅是世界上面积最大的岛，还是世界上年纪最大的岛。科学家们研究发现，它大约形成于38亿年前，算起来比恐龙还要古老呢！

地球表面的大陆就好像是一块七巧板，由几个板块拼凑而成，而这些板块时刻都处于运动之中，每一次运动都会让一些陆地消失，也能让一些新的陆地出现。格陵兰就是这些新出现的陆地之一。

传说中的绿土地

格陵兰在其官方语言丹麦语中的意思为“绿色的土地”。可是这块千里冰封、银装素裹的陆地为何会有这般绿意盎然的芳名呢？

关于它名字的由来，还有一个有趣的故事：相传古代有个胆子很大的人，他打算孤身一人从冰岛出发，远

渡重洋去探险，人们都为他捏了一把汗。可出人意料的是，他竟然在一个大岛的南部发现了一块不到1平方千米的水草地，绿油油的十分惹人喜爱。回到家乡以后，他骄傲地对朋友们说："我不但平安地回来了，还发现了一块绿色的大陆！"

虽然这个人以偏概全了，但是，"格陵兰"（绿色的土地）从此就成了这个岛永久的名字。

奇幻的冰雪世界

由于格陵兰"住"在北极圈内，所以它会出现极地特有的极昼和极夜现象。

每到冬季，格陵兰便会出现持续数个月的极夜，天空中偶尔也会出现色彩绚丽的北极光，时而璀璨耀眼，时而如彩绸飘飞，给格陵兰的夜空带来了一派生气。

而在夏季，格陵兰则终日头顶艳阳，成为日不落岛。这座岛就像童话中那充满奇幻色彩的冰雪世界一般美丽。

6

今天你看了吗?

马尔马拉海:世界上最小的海

在我们的印象中,大海应该是辽阔的,“浩瀚无垠”和“一望无际”仿佛就是大海的代名词。但大自然中没有绝对,有一个海就是例外。它并不辽阔,当人们在这片海中航行时,可以清楚地看到两岸的风光。这个“海中小不点”就是位于土耳其西北部的马尔马拉海。

马尔马拉海是世界上最小的海,它的面积只有11471平方千米,平面轮廓略呈椭圆形,远远望去,就像一个橄榄球,静静地躺在亚洲小亚细亚半岛和欧洲巴尔干半岛之间。

很多年前,欧洲大陆和亚洲大陆就展开了“角逐”。它们的每次“打斗”总能引起一番轰动,而马尔马拉海就是双方“较量”的产物,它是欧亚大陆之间断层下陷而形成的内海。

马尔马拉海虽然“个头”不大，但它的“性格”却十分复杂。当你航行在这片海域时，寒冷刺骨的海风扑面而来，你会感叹：“这真是我遇到过的最冷的风了！”可就在你刚刚体会到什么叫真正的“冷酷”时，马尔马拉海又用它那充满生机的绿野表现出自己“可爱”的一面。看吧，这个“小不点”真是调皮捣蛋、个性十足啊！

不过，海洋生物似乎并不买马尔马拉海的账，在这片海域内生活的生物比较少。这是为什么呢？这都得怪地中海。地中海四周几乎都是陆地，这很大程度上阻碍了地中海附近海域的海水环流，使得海洋生物赖以生存的氧气和养料被严重阻隔。这样一来，海洋生物只能对这片水域避而远之了。

抢手的“小不点”

马尔马拉海历来是兵家必争之所。

这是因为它占据了一个好位置！它东北通黑海，西南通爱琴海，是黑海—地中海—大西洋的必经之地，也是欧、亚两洲的天然分界线。如果没有马尔马拉海，黑海就是一个湖了。

这么重要的地方，谁都迫不及待地想收入囊中呢！

恶作剧之海

一般来说，面积较小的海域不会有巨大的风浪，但马尔马拉海偏偏不是这样。当船只航行在马尔马拉海中时，它就像一个顽皮的孩子，用凛冽的狂风和汹涌的海浪不断袭击。

海浪扑上船头，向船身劈头盖脸地泼去。如果你恰巧待在船舱外面，准会被泼得全身湿透。

可你还没来得及抱怨这坏天气，转眼间它就把海浪和狂风收了起来，海面归于平静，风和日丽得好像刚刚什么都没发生过似的，这样善变的天气，真让人哭笑不得。

没办法，马尔马拉海就是这么一个爱恶作剧的家伙。

古怪的“脾气”

马尔马拉海这个“小不点”不仅很有个性，“脾气”也古怪得让人捉摸不透。

我们都知道，在世界上的其他地方，夏天的降水量往往要比冬天的降水量多，但在马尔马拉海，情况却恰恰相反。

在马尔马拉海，冬天的雨水比夏天要多得多。这片海域全年的降水量为300～1000毫米，一半以上集中在冬季。

马尔马拉海的这种“怪脾气”，在世界的各种气候类型中都算得上“独树一帜”呢！

今天你看了吗？

死海：世界上盐度最高的天然水体之一

在亚洲的西南部，有一个世界著名的内陆湖——死海。听它的名字像海，可它却是湖泊家族的一员。

死海的湖水含盐度高达23%～25%，为一般海水盐度的6～7倍，底部还有大约400米厚的盐类沉积层，是一个名副其实的“超级大盐库”。

死海的盐分实在是太高了，鱼和其他水生生物都无法在这儿生活，只有少数的细菌和绿藻愿意留下来陪伴

它。所以它总是孤孤单单的，看上去毫无生气。因此，人们才会给它取名“死海”。看来，这个名字还包含着不少的无奈呢！

死海“体内”的高盐分使它看上去呈深蓝色，湖面十分平静。虽然它不受动植物待见，但还是挺讨人们喜欢的，特别是那些不会游泳的“旱鸭子”。因为富含盐分的水浮力较大，人在其中不会下沉，也就是说，即使不会游泳，人们也可以享受漂浮在水面上的乐趣呢！

游客可以悠闲地仰卧在湖面上，惬意地一边阅读一边随波漂浮。由于该地区特殊的地理位置，阳光要穿过特别厚的大气层才能射入，一部分紫外线便被阻挡了，这样人们就可以放心地享受日光浴啦。

危险地带

不少人以为死海浮力大，人沉不下去，因此可以随心所欲地戏水。要是这么想，那可就大错特错了，死海其实是一片危险地带呢！

死海的湖水咸得吓人，如果人在游泳时不小心喝了一口，那胃可就要遭罪了！而且，死海岸边的结晶体坚硬带刺，它们就像一个个潜伏在岸边的“刺客”，准备趁你不小心的时候“咬”你一口呢。

未知的命运

死海是一个神奇的地方，它会有怎样的未来呢？有科学家预言：死海会慢慢消失！可别认为这是危言耸听，这种说法是有科学依据的——在漫长的岁月中，死海的湖水不断地蒸发浓缩，水量会越来越少，而它唯一的“外援”——约旦河的河水，也被大量用于灌溉。因此，死海面临着干涸的命运。

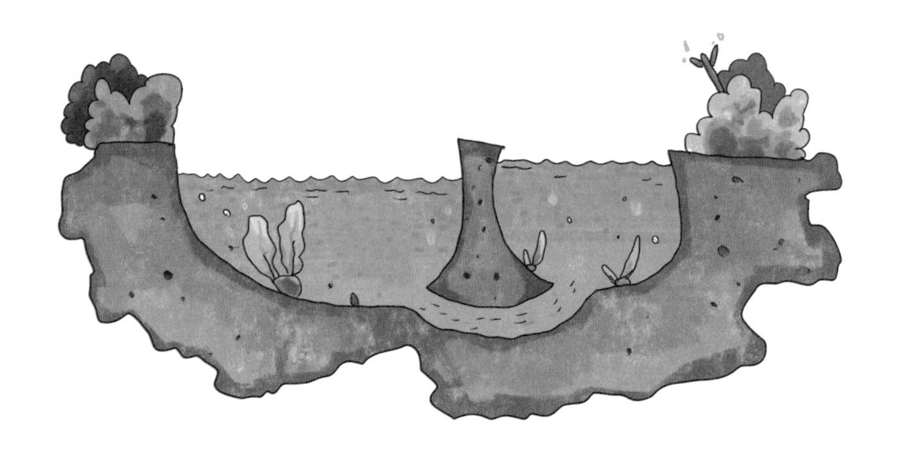

不过这也只是科学家们的预测，死海的将来还是未知的，说不定它会创造奇迹呢。

死海不“死”

由于盐分过高，死海一直是动植物惧怕的“死亡之地”，但让人意外的是，死海并不“死”，一些特别的“小居民”已经在死海中生存了好多年。

20世纪80年代初，人们发现死海湖水的颜色正在不断地变红，经研究发现，原来水中正迅速繁衍着一种红色的小生命——盐菌，而且数量十分惊人，大约每立方厘米的湖水中含有2000亿个盐菌。看来，死海中其实别有天地呢！

今天你看了吗？

乞拉朋齐：世界的雨极

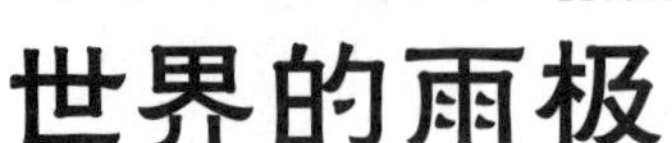

在非洲大陆因为干旱而着急的时候，世界上却有一个地方因多雨而烦恼不已。这个地方是哪儿呢？没错，这个地方就是位于喜马拉雅山南麓的印度北部梅加拉亚邦的乞拉朋齐。今天，就让我们一起去见识乞拉朋齐的雨吧！

乞拉朋齐的年平均降水量超过11500毫米，1861年全年降水量为20447毫米，仅7月份的降水量就达9300毫米。据统计，从1860年8月1日至1861年7月31日，降水量达到26461毫米，因而被称为“世界的雨极”。看来，乞拉朋齐下雨的本事还真不是说着玩的呢！

乞拉朋齐为什么能下这么多的雨呢？这是因为它坐落在卡西山脉南侧的迎风坡上。

当赫赫有名的西南季风从孟加拉湾吹向青藏高原时，巍峨霸道的喜马拉雅山脉却和它玩起了“老鹰捉小鸡”的游戏，挡在前面不让它越过。被逼无奈的西南季风湿润空气只能一路攀坡而上，上升遇冷的水汽凝聚成大量雨滴，瓢泼般地降落在乞拉朋齐，使它成为世界“雨极”。

顾前不顾后

乞拉朋齐看起来一年四季多雨，“干旱”这个词和它八竿子打不着边，其实，马虎的它却是个顾前不顾后的家伙。位于卡西山脉以北的高哈蒂和位于南亚西北部的塔尔地区，由于处在边缘地带而不受雨水待见，甚至还形成了沙漠。

不过就算是这样，乞拉朋齐的“雨极”地位还是不可动摇的，谁让人家曾经创造了降水量的世界纪录呢！

有生命的桥

由于乞拉朋齐的地理环境复杂，聪明的当地人利用根系非常发达的印度榕建成了一种神奇的树桥。这种树桥可以承载50个成年人同时通行。

普通的桥梁会随着使用时间的增加而逐渐老化，印度榕树桥则相反。只要树还活着，树桥就在不断地成长和自我修复，就像有着绵绵不绝的生命一般。

据当地人回忆，最古老的树桥已经使用了上百年。怎么样，大自然真的很奇妙吧？

家家有本难念的经

既然乞拉朋齐降水量如此之大，当地人的生活用水应该绰绰有余了吧？其实并非如此，所谓“家家有本难念的经”，有时候身处“雨极”的他们，竟然也要为水源而感到头疼呢。

由于土地贫瘠干旱，当地又没有储存雨水的水库，再加上气候变暖、环境污染、植被破坏、水土流失等原因，一到旱季，当地的居民甚至要到数千米以外的地方运水以维持生活，十分辛苦。

9

今天你看了吗?

撒哈拉沙漠：世界上最大的沙漠

如果说大海是镶嵌在地球表面的珍珠，那沙漠就是世间未经雕琢的璞玉。沙漠不像大海那般惹人注目，它们总是安静地等待着有缘人的驻足。而世界上最大的沙漠——撒哈拉沙漠正是这样一个静谧的所在。

撒哈拉沙漠真的很大，它横贯非洲大陆北部，东西长达5600千米，南北宽约1600千米，总面积约960万平方千米，约占非洲总面积的32%。

撒哈拉沙漠虽然是世界上最大的沙漠，可一点都不“骄傲”。由于它的自然环境相当恶劣，能与它一起生活的朋友实在太少了，所以它有点寂寞。有时候，路过的鸵鸟、羚羊、单峰骆驼会陪它聊聊天，但大多数的时间里，它都是自娱自乐。它最喜欢玩的一种游戏就是

将沙子抛起来，扔进风中，任凭风把沙子吹向远方，这就是我们眼中的“沙尘暴”。

撒哈拉沙漠看似荒凉，其实，它蕴藏着不少宝贝呢！在这极端干旱缺水、土地龟裂、植物稀少的土地上曾经孕育过繁荣的古代文明。沙漠中偶见的绮丽多姿的岩画就是这古代文明的结晶。研究人员在沙漠地带发现了大约3万幅古代的岩画，这些岩画五颜六色，色彩雅致，刻画出了古代人生活的场景。

看来，撒哈拉沙漠这片广袤的土地还有待我们进一步探索，它的真实面目还真有些令人期待呢！

不全是沙漠

一想到撒哈拉沙漠，我们脑海里出现的就是一眼望不到边的沙丘，但实际上，它并不是“纯种”的沙漠之地，而是个典型的“混血儿”呢。

撒哈拉沙漠的地貌类型多种多样，它由石漠（岩漠）、砾漠和沙漠组成。石漠多分布在撒哈拉中部和东部地势较高的地区；砾漠则主要分布在利比亚沙漠的石质地区、阿特拉斯山、库西山等山前冲积扇地带。

当然，沙漠的面积最为广阔，除少数较高的山地、高原外，到处都是茫茫沙漠，要不然，撒哈拉沙漠怎么号称“世界上最大的沙漠”呢？

非洲大陆的分割者

撒哈拉沙漠利用自己庞大的“身躯”，将非洲大陆分割成两部分——北非和撒哈拉沙漠以南的非洲，这两部分的气候和文化截然不同。

北非有着典型的热带沙漠气候和地中海气候，主要包括埃及、利比亚、突尼斯等国，大部分居民是阿拉伯人；而撒哈拉沙漠以南的非洲以热带雨林气候和热带草原气候为主。

骆驼的功劳

你肯定会好奇，人类是怎么进入撒哈拉沙漠深处并创造了古老的文明的呢？其实，人类刚开始只能在撒哈拉沙漠的边缘地区活动。后来，聪明的阿拉伯人发现了沙漠之舟——骆驼，它们可以穿越沙漠，让贸易往来成为可能。慢慢地，越来越多的人在撒哈拉沙漠留下了自己的脚印。

骆驼这种可爱的动物，为人类进军沙漠立下了汗马功劳！

今天你看了吗？

小寨天坑：世界第一大漏斗

大自然给了我们太多的惊喜，那些鬼斧神工的自然景观真是让人叹为观止！它可以说是世界上最伟大的艺术家，你瞧，它创造出了世界上最美丽的“桥”——彩虹；世界上最炫目的“烟花”——极光；世界上真正的“巨人”——珠穆朗玛峰……

你不知道吧，这位“艺术家”有时候也很接地气呢，它居然创造出了世界上最大的“漏斗”——小寨天坑。怎么样，你是不是迫不及待地想要一睹这个巨型“漏斗”的风采呢？那么，让我们一起去重庆奉节县看看吧！

小寨天坑向地表凹陷，形状就像一只漏斗，容积大约为1.2亿立方米。看来，说它是世界上最大的“漏斗”，的确一点都不为过呢！它的坑壁有两级台地，位于300米深处的一级台地，宽2～10米，台地还建有两间房屋。或许曾经真的有隐士在

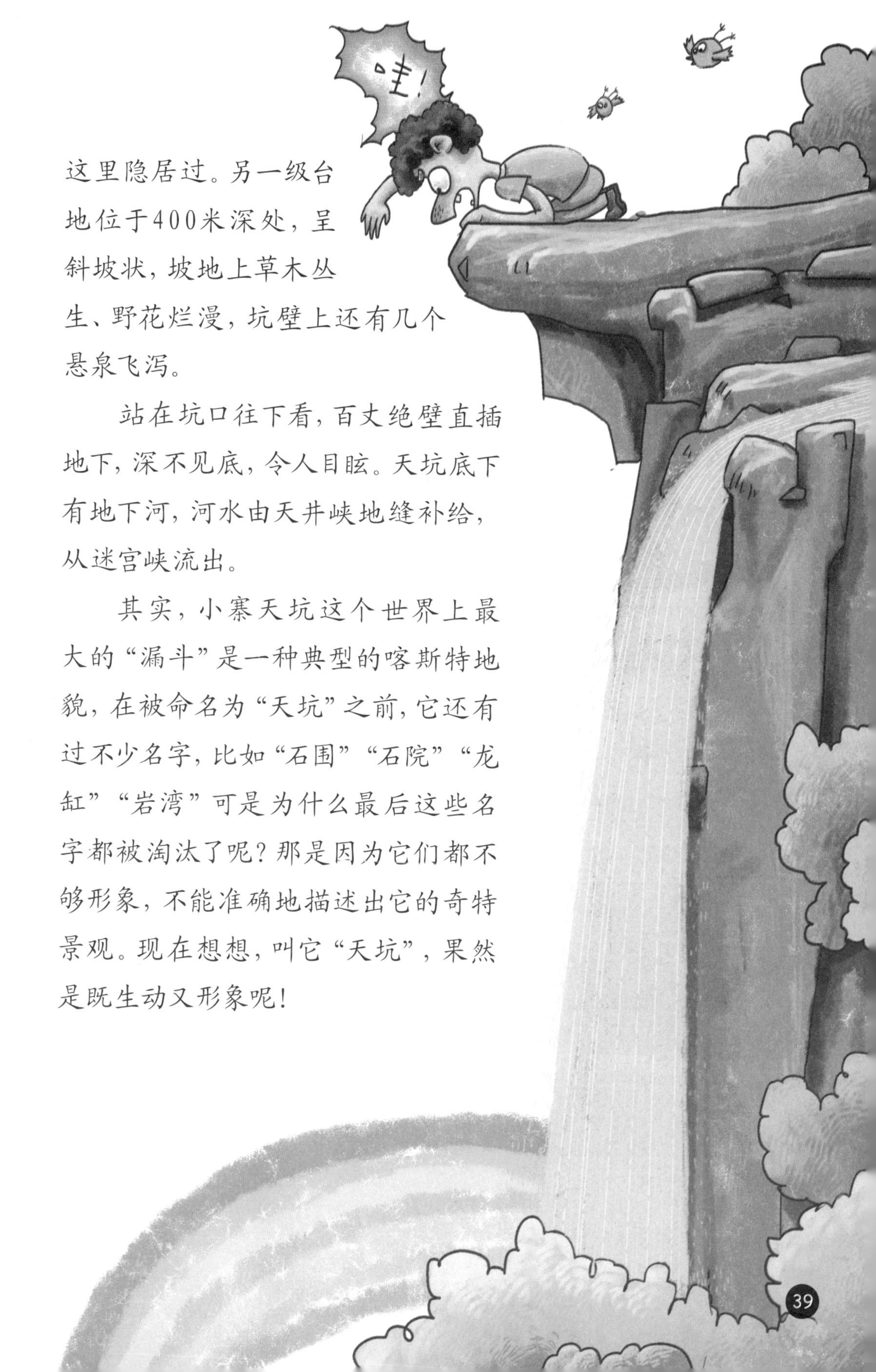

这里隐居过。另一级台地位于400米深处，呈斜坡状，坡地上草木丛生、野花烂漫，坑壁上还有几个悬泉飞泻。

站在坑口往下看，百丈绝壁直插地下，深不见底，令人目眩。天坑底下有地下河，河水由天井峡地缝补给，从迷宫峡流出。

其实，小寨天坑这个世界上最大的“漏斗”是一种典型的喀斯特地貌，在被命名为“天坑”之前，它还有过不少名字，比如“石围”“石院”“龙缸”“岩湾”可是为什么最后这些名字都被淘汰了呢？那是因为它们都不够形象，不能准确地描述出它的奇特景观。现在想想，叫它“天坑”，果然是既生动又形象呢！

"天坑老大"争夺战

如果仅仅就容积来说，小寨天坑并不是世界上最大的，因为马来西亚的伊甸园漏斗的容积达到了1.5亿立方米。和它比起来，小寨天坑可不占什么优势。

但事情就是这么有趣，伊甸园漏斗并不是一个完全的天坑，它的深度与宽度的比值太小了，剖面更接近碟状，是否把它确认为天坑还存在着争议。就这样，小寨天坑便在这场"天坑老大"的争夺战中轻松胜出啦！

魔幻天坑

小寨天坑可不是一个简单的天坑，复杂的地貌给它蒙上了一层神秘的面纱。

小寨天坑内有着众多的暗河和四通八达的密洞，还有大量珍奇的动植物。天坑中的洞穴群更是奇绝险峻，各国探险家曾多次实地探险考察，但仍未完全掌握天坑中众多洞穴的情况。这些洞穴互相连通，错综复杂，组成了一个巨大的迷宫，如梦如幻，被认为是世界上一流的魔幻式洞穴群！

看来，要想完全揭开它的神秘面纱，还需要多花点心思呢！

巨大的“糖葫芦”

大多数的天坑是由于岩层坍塌而形成的，小寨天坑所在的奉节天坑群也不例外。而且这类天坑内的地下河是“通过式”的，河水在可溶岩层中流淌，就好像穿冰糖葫芦的那根竹签，串起了一个个天坑。

这么巨大的“糖葫芦”，你一定闻所未闻吧？怎么样，是不是忍不住要流口水了呢？那就快去那里一探究竟，看看神奇的自然“糖葫芦”吧！

11

今天你看了吗?

库利南:

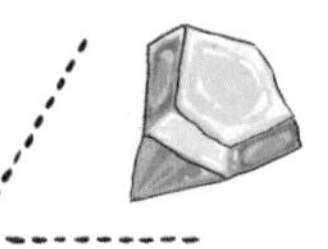

世界上最大的宝石级金刚石

大自然似乎非常宠爱南非,它不仅让南非拥有了非洲最好的气候,还赐予了南非多得令人羡慕的金刚石,让南非成为世界公认的金刚石王国。

在南非的普列米尔矿山,发现了世界上最大的宝石级金刚石——库利南。

库利南这个大家伙重3106克拉,看上去就像一个成年男子的拳头那么大,跟我们平时在珠宝店里看到的金刚石的加工成品钻石相比,真是有天壤之别。

综观金刚石王国的重量纪录,世界上最大的金刚石产于巴西卡帕达迪亚,重3148克拉,属于工业用金

刚石。从1905年到现在，库利南稳坐“宝石级金刚石老大”的位置，从未动摇过。

库利南刚被开采出来的时候，只是一块未经雕琢的金刚石。如果想要变成华丽的钻石，它还得经过“磨炼”。

这不，为了变“漂亮”，它首先需要做的就是“瘦身减肥”。人们都羡慕它的“大个头”，但正是因为“个头”太大，它不得不面临“分身”的命运。

1908年，荷兰著名工匠约•阿斯查尔经过几个星期的研究和试验，终于成功将巨大的库利南劈成了两半。然后，由三名熟练的工匠，每天工作14小时，琢磨了8个月，一共磨成了9粒大钻石和96粒小钻石。

这105粒钻石总重量为1063.65克拉，约是库利南原重量的34.25%。由此可知，金刚石在被加工成钻石的过程中，重量会大大减小，得付出不小的代价。

在这105颗钻石中，梨形的“库利南1号”最重，约为530.2克拉，后来被镶在英王的权杖上。这粒巨钻又被称为“非洲之星”。

偶然的发现

就如其他的宝贝一样，库利南的发现也是一件偶然的事。

1905年1月25日，在南非的普列米尔矿山，有一个名叫威尔士的经理，偶然看见矿场的地上半露出一块闪闪发光的东西。赶紧挖出来一看，竟然是一块巨大的金刚石，它纯净透明，泛着淡蓝色的光，属于上等的金刚石。没错，它就是库利南。

也许那时，它在地下待得太久了，想出来“透透气”，结果刚一冒头就被“逮住”了。这对它来说，到底算不算幸运呢？

钻石大王的“兄弟”

其实，库利南不是一个完整的晶体，而是一个大晶体的一部分碎块。由此看来，库利南可不是“孤身一人”，它很有可能还有“兄弟”呢。

果不其然，1919年，人们在普列米尔矿山又找到一颗重达1500克拉的金刚石，它的重量位居世界第三。由于它也是一个大晶体的碎块，并且颜色和库利南相似，因此有人认为它与库利南是由同一个大晶体碎裂而成的，是两“兄弟”呢！

不好对付的钻石老大

说起对库利南的初次加工，荷兰著名工匠约·阿斯查尔恐怕有一肚子的苦水。为了分割大块头，阿斯查尔可是费了不少功夫呢。

1908年2月10日，阿斯查尔和助手来到工作室中，先用钢楔将库利南固定住，然后用一根沉重的棍子敲击钢楔，“啪”的一声，库利南纹丝不动，钢楔却断了。

阿斯查尔脸上淌着冷汗，在紧张的气氛中，加上了第二根钢楔。他鼓足勇气使劲一击，这一次，库利南按照预定计划顺利裂成了两半。而此时，阿斯查尔却因紧张过度晕倒在地板上了！

今天你看了吗?

12 刺鱼：世界上最高明的水下建筑师

建筑师是一群伟大的人，他们用自己的聪明才智设计出气势恢宏的高楼大厦、精致美丽的公园和风格各异的广场。不过，建筑师这个职业可不专属于人类，鱼类中也有一群“建筑师”，它们就是活泼可爱的刺鱼。

刺鱼有的生活在淡水里，有的生活在海洋中。虽然不住在一起，但它们都有一个与生俱来的本领——筑巢，它们筑的巢可是鱼类世界里最精致的。现在，就让我们穿上潜水服，一起去海底世界见识刺鱼的精致小窝吧！

在刺鱼家族里，真正会筑巢的其实是刺鱼先生，刺鱼太太永远都扮演着坐享其成的角色。

刺鱼先生筑巢可有一套了。首先，它会在溪流的浅水区选择一个最佳的筑巢地点，然后开工。刺鱼先生会用嘴衔来眼子菜细茎，这些细茎就好像是我们建房子时所用的木头。它用身体分泌的黏液将眼子菜细茎粘织起来，组成巢基，然后衔些沙散在巢基上，这样，一个坚固舒适的巢就诞生啦。

不过，你可不要以为新家就这么建好了，刺鱼先生可是挑剔得很呢。为了检验新巢是否坚固，它还经常向巢泼水。看来，住在刺鱼家族的巢中是相当安全的！

不专一的刺鱼

刺鱼先生可是很懂浪漫的，它常常会和雌刺鱼上演一见钟情的戏码。为了获得雌刺鱼的“芳心”，刺鱼先生要跳“蛇形舞”，它扭着欢快的“舞步”，慢慢将雌刺鱼引向巢边。

可惜的是，它们不会长久地在一起。“新娘”雌刺鱼产下卵后，便会扬长而去，不久之后，刺鱼先生又会与其他雌刺鱼一起，再次孕育生命。

“鱼慈父”

刺鱼先生虽然不是一个忠贞的伴侣，但它对自己的孩子却出奇的好，它可是鱼类中出了名的“慈父”呢！在小刺鱼孵化期间，刺鱼先生每时每刻都在巢穴周围巡视，守护着它的小宝贝们，并随时清扫和用新材料加固巢穴。

新孵化出来的小刺鱼，因带有卵黄囊，游泳很不方便，爱子心切的刺鱼先

生是不准它们离开巢穴一步的。如果有其他鱼类闯入，它也会毫不留情地将其驱赶出去。

看来,刺鱼先生这“鱼慈父”的称号还真是名不虚传呢！

“夺妻”大战

刺鱼先生之所以会筑巢，在很大程度上是为了吸引雌刺鱼。巢筑好后，刺鱼先生就要向雌刺鱼“求婚”啦。不过在“求婚”之前，它还要修饰一番，使体色更鲜艳。背部呈青色，腹部呈淡红色，眼睛则闪着蓝光，如此漂亮的仪表，往往能博得雌刺鱼的一见钟情。

可要是两位刺鱼先生同时看中了一条雌刺鱼，那可就有好戏看啦。两位刺鱼先生为了争夺“新娘”，在“婚前”要进行一场“夺妻大战”。它们用身上的刺作为武器攻击对方，战败者被刺得遍体鳞伤，只好仓皇逃命，胜利者就与雌刺鱼结为“夫妻”。看来，刺鱼先生“娶妻”确实不易呀！

13

今天你看了吗？

蜂鸟：世界上最小的鸟

蜜蜂是采蜜大王，它的“本职工作”就是采蜜，可是，自然界中还有个和蜜蜂“抢饭碗”的家伙，它就是鸟界的小精灵——蜂鸟，它是世界上最小的鸟。

蜂鸟有一个庞大的家族，共有300多种，其中体形最大的是巨蜂鸟，体长在20厘米左右。而蜂鸟家族中体形最小的成员缨冠蜂鸟和小翠蜂鸟，体长都不超过7厘米，体重大约只有2克。这样袖珍的小东西，要是把它放在手掌心里，真怕一不小心就会弄伤它呢。这还不算惊奇，最惊奇的就是蜂鸟的蛋，那可能是世界上最小的鸟蛋，只有绿豆般大小，平均每个重约0.6克。

蜂鸟体态妍美，羽毛色彩艳丽。蜂鸟是自然的杰作：轻盈、迅疾、敏捷、优雅、华丽——这小小的宠儿占尽了优点。它身上闪烁着绿宝石、红宝石、黄宝石般的光芒。它终日在空中飞翔，偶尔会擦过草地，从来不让地上的尘土玷污它的“衣裳”。它在花朵之间穿梭，以花蜜为食，再加上飞行本领高超，因而被人们冠以“神鸟”“森林女神”“花冠”等美誉。

倔强的家伙

大多数时候，蜂鸟性情温和，但它要是犯起倔来，真会要了自己的命。

蜂鸟有时会误入人类的车库被困住，这种处境往往是致命的，因为它们在遇到威胁或被困的时候本能反应是向上飞，而一般这种向上飞的过程会持续一个小时左右，最后蜂鸟会因为体力耗尽而亡。

唉，谁叫蜂鸟是如此倔强的家伙，要是它肯换种方法，例如向前、向后、向左、向右飞试试，也许就不会丢掉性命了。

悬停的“直升机”

蜂鸟虽然体形很小，但它飞行的技术可是数一数二的，称得上飞行杂技的最佳表演者。

蜂鸟能够持续不断地飞，而且速度很快，并发出嗡嗡的响声，这像蜜蜂一样的响声就是它得名的重要原因。蜂鸟双翅拍动的频率很高，有些种类每秒可拍动50次以上，所以它可以像直升机一样悬停在空中。

只见它在一朵花前一动不动地停留片刻，然后箭一般朝另一朵花飞去，如果不仔细看，它一眨眼可就不见踪影了，难怪人们又称它为“彗星”。

惊人的记忆力

科学家认为蜂鸟的记忆力相当惊人。因为它们不但能清楚记住自己曾采过哪些花的蜜，还能计算再次光顾这些花的“大概时间”，进而根据不同植物重新分泌花蜜的时间规律来寻找最佳食物源。

这样，蜂鸟再次出动的时候，就能做到不重复劳动，最大限度保存体力。

如此惊人的记忆力，你羡慕吗？

14

今天你看了吗？

蓝鲸：世界上最大的海洋动物

在我们的印象中，体形巨大的大象是地球陆地上最大的哺乳动物。在那浩瀚无垠的海洋中，生活着体形更大的哺乳动物，它就是海洋巨兽——蓝鲸！

蓝鲸被认为是世界上现存的体形最大的动物，一头成年蓝鲸能长到非洲象体重的30倍左右。蓝鲸的平均长度有25米，最大的蓝鲸重约200吨，体长约33米。如果在蓝鲸

的身体里面造房子，那真的可以并排建五六间大瓦房呢！怎么样，这样的体形的确很壮观吧！

蓝鲸虽然块头大，但脾气却出奇的好，非常顾家。双栖的蓝鲸和睦相处，一起游泳、潜水、觅食，形影不离。

如果三头蓝鲸游在一起，往往是雌鲸带着一只幼仔鲸，而雄鲸尾随其后守护，看上去可真是一个和睦友爱的家庭呢。

蓝鲸个头大，吃的自然也多，据说，它一顿能吃掉4000～8000千克磷虾。如果腹中的食物少于2000千克，它就会有饥饿的感觉。为了填饱肚子，它每天的大部分时间都张着大口游弋于稠密的浮游生物丛中。它嘴上的两排板状的须像筛子一样，肚子里还有很多像手风琴的风箱一样的褶皱，这样它就可以在吞下磷虾和海水的同时，轻松排出海水。幸好海洋中磷虾的数量多，而且繁殖速度快，否则，蓝鲸恐怕连肚子都填不饱啦。

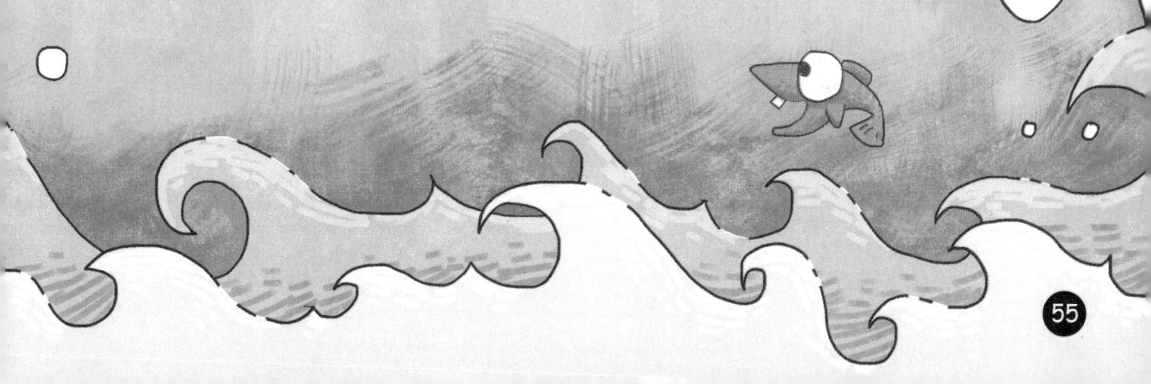

强有力的尾鳍

蓝鲸在填饱肚子之后，最喜欢做的就是用尾鳍打水。据科学家研究，这是一种有着多种作用的消遣方式：它可能是在做游戏，可能是为了引起同伴的注意，也可能是为了摆脱皮肤上寄生虫的骚扰。

尾鳍除了是蓝鲸的“玩具”之外，还是它的武器。要是对手被它的尾鳍打一下，那可得受“内伤”呢！

低调的“大嗓门”

别看蓝鲸平时斯斯文文，不发出什么声音，其实，它可是个十足的“大嗓门”。

蓝鲸“嗓门很大”，它发出的声音有时能超过180分贝，这震耳欲聋的声音比喷气式飞机起飞时发出的声音还要大。

奇特的“喷潮”

蓝鲸虽然生活在海洋中，但它的呼吸方式和鱼的呼吸方式不同。

蓝鲸是哺乳动物，用肺呼吸。每当它的头部露出水面呼吸时，会先将体内的二氧化碳等废气排出体外。当这股强有力的灼热气流冲出它的鼻孔时，喷射高度可达10米左右，会把附近的海水也一起卷出海面，使蓝色的海面上出现一股蔚为壮观的水柱。远远望去，宛如一个海上喷泉。同时，它还会发出犹如火车汽笛一般响亮的声音，人们称之为“喷潮”。

如果以后你有机会在海上看见一股巨大的水柱，可千万别放声尖叫哦，因为那样可能会把蓝鲸吓跑的。

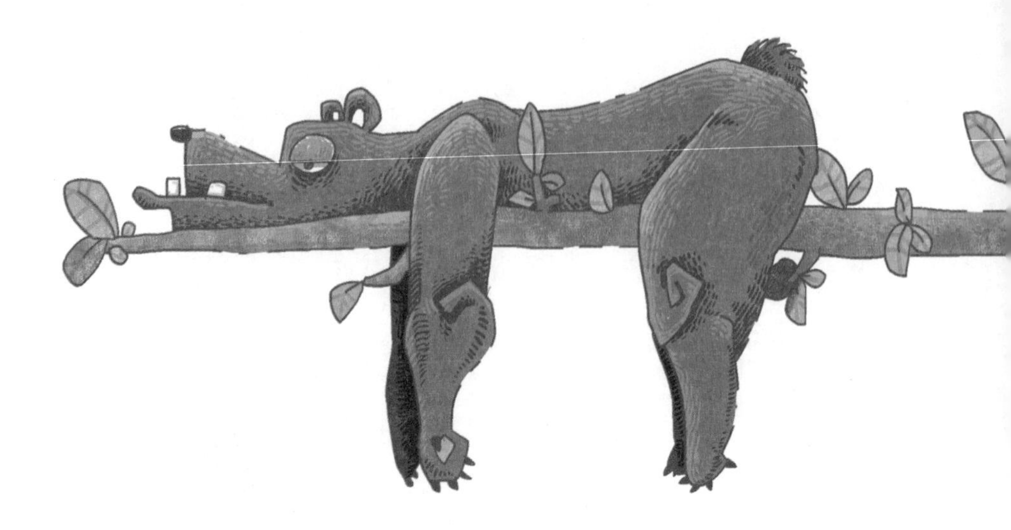

今天你看了吗？

15

马来熊：世界上最小的熊

我们每个人的童年都是丰富多彩的，那一个个无比可爱的卡通人物——米老鼠、唐老鸭、汤姆猫、杰瑞鼠、喜羊羊和灰太狼……给我们的童年增添了不少色彩。不过，我们好像忘了说两个十分善良的家伙——熊大与熊二。这两个家伙身体笨重，憨态可掬。但并不是所有的熊都长得那么五大三粗的，这不，在东亚和南亚就生活着一种体形“娇小”的黑熊——马来熊。

马来熊是“熊氏一族”中身形最小的成员，它们身高120～150厘米，体重约50千克，看它们这身高体重，还真是熊家族中瘦弱的“矮个儿”呢。

这群“矮个儿”喜欢穿黑色的“衣裳”，从头到脚都

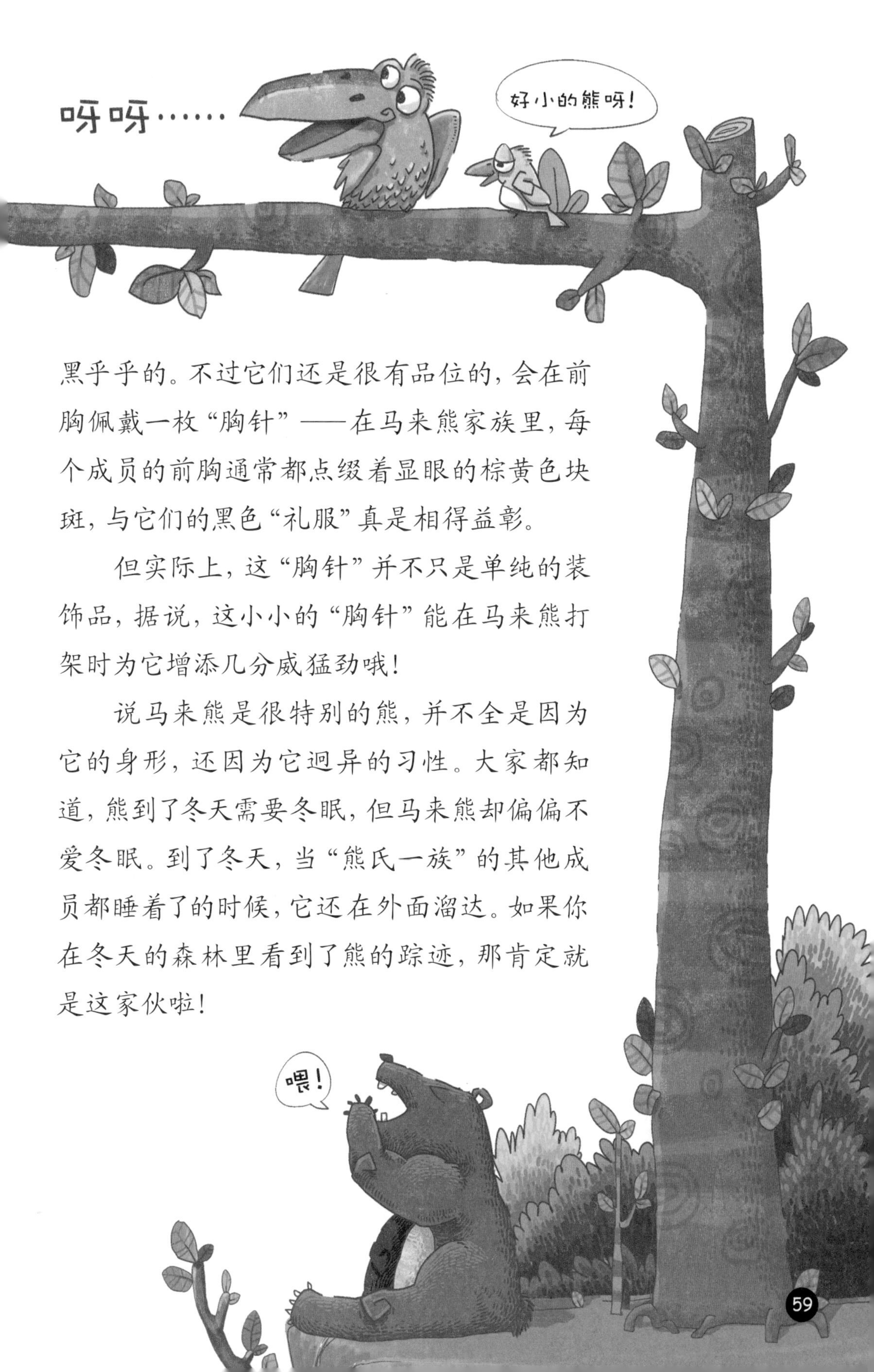

黑乎乎的。不过它们还是很有品位的，会在前胸佩戴一枚“胸针”——在马来熊家族里，每个成员的前胸通常都点缀着显眼的棕黄色块斑，与它们的黑色“礼服”真是相得益彰。

但实际上，这“胸针”并不只是单纯的装饰品，据说，这小小的“胸针”能在马来熊打架时为它增添几分威猛劲哦！

说马来熊是很特别的熊，并不全是因为它的身形，还因为它迥异的习性。大家都知道，熊到了冬天需要冬眠，但马来熊却偏偏不爱冬眠。到了冬天，当“熊氏一族”的其他成员都睡着了的时候，它还在外面溜达。如果你在冬天的森林里看到了熊的踪迹，那肯定就是这家伙啦！

胆小的“夜行者”

马来熊性子极其孤傲，不太爱理人。

白天，它喜欢躲在树洞里睡懒觉。到了晚上，它才会好好地舒展筋骨，到处去找吃的。马来熊习惯于白天睡觉、晚上行动，加上它那一身黑色“礼服”，还真像一个“夜行者”呢！

不过，这个“夜行者”可不是什么侠客，它甚至有些胆小，一有风吹草动，它准会溜之大吉。

爬树高手

马来熊的爬树能力十分出色。不同于其他熊的笨拙，马来熊可是爬树高手。

由于马来熊身形瘦小，所以行动

十分敏捷，再加上它的前肢呈弓状弯曲，脚掌向内撇，尖利的爪钩呈镰刀形这一优势，让它能够轻松抓紧树干。

如果马来熊和猴子比赛爬树，谁会更胜一筹呢?

不挑食的“乖孩子”

马来熊是杂食性动物，有什么吃什么。在它们的食谱中，最常见的是蜜蜂、蜂蜜、白蚁以及蚯蚓，如果能找到各种美味的果子和棕榈油，当然也不会放过。

偶尔它们也会捕捉一些小型啮齿类动物、鸟类和蜥蜴等打打牙祭，甚至还会帮助老虎清理吃剩的腐肉。

马来熊还真是不挑食啊。从这一点来说，马来熊可是我们学习的榜样呢!

16

今天你看了吗？

蚂蚁：世界上身材瘦小的大力士

大自然实在太“顽皮”了，你肯定想不到，相对自身的体重而言，轻如牛毛的蚂蚁其实是动物王国的“大力士”，它能搬起比自己重很多倍的东西呢！

那么，一只小小的蚂蚁体内究竟蕴藏着怎样巨大的能量呢？根据科学考察一只蚂蚁能够举起超过自身体重400倍的东西，还能够拖运超过自身体重1700倍的物体，成群的蚂蚁力量则更大。而人几乎无法举起超过自身体重3倍的物体，从这个意义上说，蚂蚁的力

气可是比人大得多了！设想一下，要是成千上万只蚂蚁团结一致，会不会把大象也拖走呢？

可是，蚂蚁哪来这么大的力气呢？原来，蚂蚁脚爪里的肌肉是一个效率非常高的“发动机”，这个“发动机”的效率比飞机发动机的效率还要高几倍呢！但发动机运行都需要消耗能量，那蚂蚁的“肌肉发动机”的能量从何而来呢？蚂蚁能不断地分泌一种特殊的磷化合物，这种磷化合物便是“肌肉发动机”的“特殊燃料”，也就是说，在蚂蚁的脚爪里，它们源源不断地向“肌肉发动机”提供能量。蚂蚁就像一个小超人，完成着许多看似不可能的工作。

小小社会

忙忙碌碌的蚁群看似杂乱但其实有明确的分工，每只蚂蚁都有自己的岗位。

在蚁群里，蚁后无疑是统治者，它管理着整个家族，也承担着繁衍后代的重任。

而数量最多的工蚁则是蚁群的劳动者，它们建造和扩大巢穴、采集食物、喂养幼蚁及蚁后，整日辛勤劳作。

兵蚁则是蚁群的战斗武器，它们守卫着蚁群。

你看，蚁群可不就像个小小社会吗？

辛苦的蚁后

在蚁群中，蚁后看似总是待在蚁穴里“坐享清福”，其实，它也是很辛苦的。

雄蚁在与蚁后交配之后就会死亡，这时，孤单的蚁后只能自己建造一间小“房子”，以便日后生产。小幼虫孵化出世，蚁后就忙碌起来，每只幼蚁的食物都由它嘴对嘴地喂养，直到这些幼蚁发育为成蚁，并可独立生活为止。

你可不要认为蚁后从此可以快活逍遥了，它的任务可还没完成，它还要继续产卵，为这个大家族的繁衍尽心尽力。

筑巢“专家”

蚂蚁是一种聪明的生物，它们简直是十项全能，不过，最值得称道的还是它们的“建筑水平”。

蚂蚁一般会选择在地下筑巢，这些地下巢穴的规模远比你想象的庞大，有的巢穴就像是一座“城堡”呢！

蚂蚁的巢穴不仅大，还采取了良好的排水、通风措施，蚁穴牢固、安全、舒适，道路四通八达。蚁穴里还有专门的储藏食物的地方，里面像安装了空调一样，冬暖夏凉，食物可以长久保存不易坏掉。蚂蚁的“建筑水平”真是一极棒呢！

17

今天你看了吗？

杏仁桉：世界上最高的植物

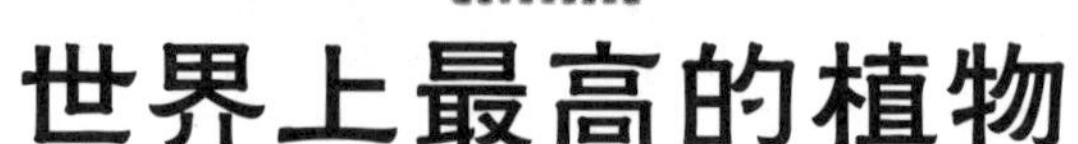

提起世界上最高的树，不少人会认为是生长在美国加利福尼亚州的巨杉。事实上，生长在澳大利亚的被子植物杏仁桉比它还要高。

如果在世界范围内举办树木高度竞赛，那澳大利亚的杏仁桉家族恐怕会摘得桂冠。

这个家族可以说是植物王国里的“巨人”，因为其成员的“身高”一般都超过100米，其中最高的有156米，树干直插云霄，有50层楼那么高。在人类已测量过的树木中，它是最高的一株。鸟在树顶歌唱，在树下可能就听不到了。

在植物王国里，杏仁桉因为其“身高”而引人注目，它被誉为“树木世界里的最高塔”。不过，它可不是“四肢发达，头脑简单”的生物，在植物界里，它还是挺聪明的。

你看，它的树干没有什么枝杈，笔直向上，逐渐变细，到了顶端，才生长出枝叶，这种树形有利于避

免风的摧残。而杏仁桉聪明的地方还不止这一个。别的树的叶子一般是叶面向阳生长，而杏仁桉的叶子则是边缘向阳生长，叶面与阳光的投射方向平行。它的这种古怪的“长相”其实是为了适应干燥的环境，减少阳光的直射，以尽量减少水分蒸发。看来，要在多变的自然环境中生存下去，不动点“脑子”还真不行！

很多人都认为长得高大的人吃得多，树木是不是也这样呢？答案是肯定的！又高又大的杏仁桉“吃”得也挺多的。它树基粗大，树根在土壤中扎得又深又广，所以它的吸水量特别大，有“抽水机”的诨号。它吸的水多，蒸发的水分也多，据说它每年会蒸发掉大约175吨水，真是惊人！

树大不遮阴

俗话说“大树底下好乘凉”，但可别指望杏仁桉能为你遮蔽阳光，在它高大的“身躯”下几乎是没有阴影的。

这到底是怎么回事呢？原来，杏仁桉的树叶细长弯曲，而且叶面与日光投射的方向平行，犹如垂挂在树杈上一样。这样一来，阳光都从树叶的缝隙处倾泻下来了，自然不太遮阴啦。

蚊子的天敌

在沼泽地区，蚊子多如牛毛，这些讨厌的家伙飞来飞去，携带着病毒传染给人类。这些地区多发疟疾就是蚊子干的“好事”。

可你不知道吧，杏仁桉可是蚊子的天敌呢！当然并不是说杏仁桉会吃蚊子，它会用另一种方式对付蚊子。

原来，杏仁桉的根系发达，扎得又深又广，吸水量特别大。

于是，沼泽地区聪明的居民利用杏仁桉“抽水”的特性来吸干沼泽，一旦沼泽地水量减少逐渐变干，蚊子便失去了滋生的环境，就不能为所欲为啦！

正因为杏仁桉的“曲线”灭蚊，也帮助减少了疟疾的传播，所以，当地人又称它为“防疟树”。

树大种子小

杏仁桉虽然高大，但它的种子却很小，每粒1～2毫米，20粒种子一起才有一粒米大。

可是杏仁桉生长极快，是世界上生长速度最快的树种之一，五六年就能长成10多米高、直径40多厘米的大树。它的生长速度如此之快，也难怪杏仁桉家族成员繁盛呢！

18

今天你看了吗？

长城：世界上最长的城墙

在旅途中，我们品味过法国巴黎埃菲尔铁塔的挺拔，感受到英国伦敦大本钟的沧桑，见证了澳大利亚悉尼歌剧院的独特，更惊叹于埃及金字塔的神秘，可你是否记得绵延起伏于伟大祖国辽阔土地上的那条巨龙——长城呢？

长城翻越巍巍群山，穿过茫茫草原，跨过浩瀚的沙漠，奔向苍茫的大海，向世人无声地诉说着千年的壮怀。它是世界上最长的城墙！而修筑长城历史之悠久、工程之浩大，亦是世界少有！它，是无与伦比的中华瑰宝！

长城是始于春秋战国时期的一项伟大"发明"，耗费的人力物力都是难以估算的。据说，秦始皇

召集了近百万劳动力修筑长城。当时没有任何机械协助，除运土、运砖可以用毛驴、山羊等牲畜外，全部劳动都依靠人力，而工作环境又是崇山峻岭、峭壁深壑。可以想见，没有大量的人力进行艰苦的劳动，是无法完成这项巨大工程的。

长城的修筑可不是一朝一夕的事，自从长城出现之后，历朝历代都在前代的基础上增修过长城。如果把明朝修筑的那段长城的砖石、土方用来铺筑一条宽5米、厚35厘米的马路，据粗略估计，这条马路能环绕地球赤道三周多。

长城显示着中华民族悠久的历史，反映了中国古代各族劳动人民的坚强毅力与聪明才智，是中国古代文化的象征。

总统的长城游

俗话说“不到长城非好汉”，这不仅令中国人难以抗拒，不少外国友人也跃跃欲试！

2009年11月18日，美国总统奥巴马来到八达岭长城，在秋色中开始了他的长城游。

按照惯例，外国领导人游览长城后，都会收到“登城”证书，美国总统奥巴马也不例外，他顺利结束长城之行后，也拿到了荣誉证书。

长城“家族”

长城并不是中国独有的建筑形式，别的国家也曾修建过长长的城墙用以抵御入侵，只不过它们都没有中国的长城那么雄伟绵长。

如英国有哈德良长城与安敦尼长城。此外，蒙古、印度和澳大利亚等国家也都有长城，看来，长城也是一个大“家族”呢！

“天然屏障”

修筑长城要用砖石，这是常识，不过，在辽宁境内，就有不用砖石堆砌的“长城”。这是怎么回事呢？其实，这并非真正的长城，它们有自己的名字——山险墙、劈山墙。

人们利用现成的悬崖峭壁，只要把崖壁修整一下，一段“长城”就成形了。还有一些地方则完全利用危崖绝壁、江河湖泊作为天然屏障以抵御入侵，保卫家园。

19

今天你看了吗？

秦始皇陵：世界上最大的地下陵墓

中国西安，这个千年古都，留下了太多古代盛世皇朝的印记。站在西安古老的城墙上，你会不自觉地联想：兼并六国、统一天下的秦始皇就是站在这片土地上指挥着千军万马的吗？

秦始皇成为中国历史上第一个皇帝后，他不仅要为自己建造举世瞩目的宫殿——阿房宫，连自己的陵墓——秦始皇陵也要极尽奢华壮观。

秦始皇在他13岁时就开始营建陵墓，他将陵墓建在风景优美的骊山。骊山一面靠山，三面环水，“依山环水”正是古人眼中绝佳的“风水宝地”，所以，对于渴望万古长存的秦始皇来说，骊山成为他最佳的选择。

如果说古埃及的胡夫金字塔是世界上最大的地上陵墓，那秦始皇陵将当之无愧地成为世界上最大的地下陵墓。

秦始皇陵陵园占地总面积212.95万平方米，相当于3个故宫的大小。呈南北长、东西窄的长方形，由内、外两城相套，内、外垣墙每边都有门。内城里面修建了放置棺椁和随葬品的地下宫殿。

据司马迁的《史记·秦始皇本纪》记载，墓室里面放满了奇珍异宝，墓室内的要道机关装着带有利箭的弓弩，盗墓的人一靠近就会被“万箭”射死。墓室里还注满了水银，象征江河湖海；墓顶镶着夜明珠，象征日月星辰；墓室里用人鱼膏燃灯，以求长明不灭。

1988年组建秦始皇陵联合考察队，有计划地开展发掘、保护和全面勘探工作。1961年国务院将秦始皇陵列为全国重点文物保护单位。

偶然“现身”的陵墓

秦始皇似乎并不希望死后有任何人打扰他，因此，他的陵墓相当隐蔽。但聪明一世的秦始皇还是没料到自己陵墓的一部分有一天会成为世界奇迹，引起各方关注。

据说，秦始皇陵被发现纯属偶然。1974年1月的某一天，在秦始皇陵坟丘东侧约1.5千米处，当地农民打井时无意中挖出了一个陶制的武士头。那个农民绝对不会想到，就是自己的这一举动，帮助人类找到了世界第八大奇迹——秦始皇陵。

“陶泥大军”

在秦始皇看来，自己虽不能统治天下千秋万代，但死后仍要掌握大权，他为了巩固自己的至尊地位，硬是带了“千军万马”为自己陪葬。

不过，这“千军万马”可不是真人真马，而是一尊尊用陶泥塑成的泥俑，也就是现在我们熟知的秦兵马俑。

兵马俑陶俑的塑造，表现出秦军的装备精良、纪律严明和斗志昂扬。它们和真人一般大小。这七千多个或手执弓、箭、弩，或手持青铜戈、矛、戟，或负弩前驱，或御车策马的陶质卫士，陪着秦始皇在地下度过了千秋万代。

地下“军备库”

秦始皇将自己的“禁卫军”带去了地下，那肯定要为他们配备武器。在兵马俑坑附近，还有一个专为地下“禁卫军”建造的面积为13000多平方米的巨大的地下“军备库”。

在这个庞大的“军备库”里，堆放着上千件石质铠甲和头盔，还有不计其数的兵器。这些装备打造精良，而那些战服的设计工艺十分先进，不仅注重实战的需要，更兼顾了外形的美观。生前死后都要一统天下，或许是秦始皇永远的梦想！

20

今天你看了吗？

卢浮宫：世界上最早的博物馆

法国是一个充满浪漫艺术气息的国家，置身其中，总会让人不自觉地融入那迷人的氛围中。

法国巴黎是享誉世界的艺术之都，拥有众多举世瞩目的“明星”：高耸壮观的埃菲尔铁塔，沧桑庄严的凯旋门，时尚优雅的香榭丽舍大街……当然，在这些“明星”中，绝对少不了汇聚众多艺术珍宝的卢浮宫。

卢浮宫原是法国王宫，现为法国国家博物馆和艺术品陈列馆。卢浮宫是世界上著名的艺术殿堂，也是世界四大博物馆之一，以收藏丰富的古典绘画和雕刻作品而闻名于世。

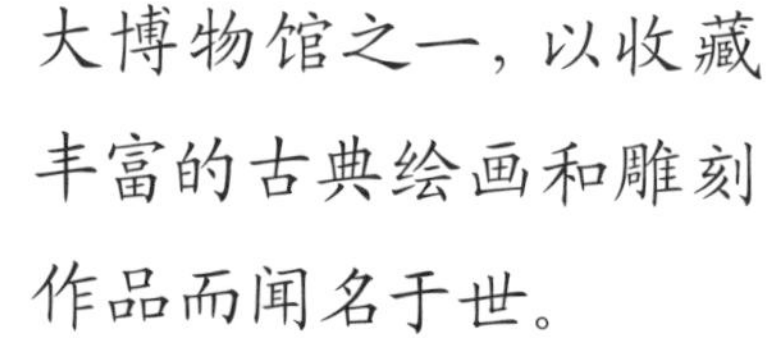

卢浮宫坐落在法国巴黎市中心的塞纳河

畔，1190～1204年间，法国国王腓力二世为存放王室档案和珍宝而建造。直到1868年，卢浮宫的建筑才全部完工。曾有多位法国国王和王后在这里生活过。

法国历史上，多位国王和王后都偏爱奢侈华丽的生活，仿佛世界上所有艺术珍品都应该属于他们，也正因为如此，卢浮宫拥有着数量惊人的王室珍宝和艺术作品。

卢浮宫共分古代东方文物和伊斯兰文物馆，古代埃及艺术馆，古代希腊、伊特鲁利亚及古罗马文物馆，雕塑馆，工艺品馆，绘画馆，书画刻印艺术馆等展馆。

从古代埃及、希腊、伊特鲁利亚、罗马的艺术品，到东方各国的艺术品，卢浮宫都收入囊中，藏品数量超过40万件！其中最著名的是“卢浮宫三宝”米洛斯的《维纳斯》，萨莫色雷斯的《尼凯女神像》，达·芬奇的《蒙娜丽莎》。

永恒的微笑

你相信微笑是永恒的吗？常识告诉我们，这不可能。但文艺复兴时期的达·芬奇却用他神奇的画笔告诉我们：微笑也能永恒。

你肯定知道《蒙娜丽莎》这幅世界名画。画中，一位女子坐在扶椅上，安详地注视着你。而神奇的是，不论你站在哪个角度看，她总是面带微笑地望着你，生动异常，仿佛就在你身边。那如梦般的妩媚微笑，留给世人无尽的遐想。

维纳斯的无奈

米洛斯的《维纳斯》被誉为世界上最美丽的雕像，它的断臂为它增添了一种浓烈的历史沧桑感。传说，它并不是“天生断

臂”，而是“受伤”了。完整的它原本已被希腊人买走，但热爱艺术的法国人却不甘心，于是就上演了一场轰动世界的争夺战。混战中，维纳斯的双臂不幸被砸断。最后，法国人夺得了维纳斯，但可怜的维纳斯也由此成了断臂女神。

卢浮宫中的“森林”

卢浮宫里的每一件珍品都是人类智慧的结晶，在这里，你随处可感受到艺术气息。不过你肯定想不到，这里还会遇见“自然风光”。法国国王亨利四世在位的时候，花费13年的时间建造了卢浮宫最壮观的大画廊。

这是一条长达300米的华丽的走廊，亨利四世在这里栽满了树木，还养了鸟和狗，甚至在走廊中骑着马追捕狐狸，就像在森林中一般。大画廊是卢浮宫中一个另类的存在，毫无疑问，它为美丽的卢浮宫增添了不少新意。

今天你看了吗？

21 自由女神像：世界上最著名的“女神”

美国纽约哈得孙河口的自由岛上，耸立着神圣美丽的自由女神像，它可能是世界上最重的铜像，重225吨。

自由女神像包括基座在内高46米，距海平面约90米。“女神”头戴王冠，高举火炬的右臂长13米、直径为4米，左臂捧着《独立宣言》。人们可以通过自由女神像内部的螺旋形阶梯登上它的头部，这相当于爬一幢12层高的楼房。更有趣的是，自由女神像的底座连同周围建筑是美国移民史博物馆。

由于自由女神像位于港口附近，当轮船驶入纽约湾时，首先映入眼帘的不

是高楼大厦，而是这座巨大的铜像。铜像手握火炬向空中高高举起，双眼注视前方，姿态优美。游客们有的兴奋地向它挥手，有的迫不及待地与它合影留念。自由女神像在人们心中就是美国的象征。

这座在美国人心中有着很重分量的自由女神像是法国为纪念美国独立战争期间的美法联盟赠送给美国的礼物；设计者是法国雕塑家巴托尔迪。他从1874年开始，以其妻的身材、其母的脸庞为原型花费10年的时间制作而成。

自由女神像代表着可贵的自由，它是美国人民的精神象征，更是世界文化的瑰宝！

不被认可的宝贝

自由女神像全名为“自由女神铜像国家纪念碑”，于1886年10月在美国纽约哈得孙河口的自由岛上落成，被誉为美国的象征。

但令人意想不到的是，在设计之初，自由女神像并没有引起美国政府和公众的关注，大伙好像对法国人的一片好意并不领情。

直到1876年，在费城举行的庆祝美国独立100周年博览会上，创作者巴托尔迪将自由女神执火炬的手进行了展出。如此一来，美国人才意识到，原来，自由女神像真是一件不可多得的艺术珍品。于是，这件几天前还鲜为人知的雕塑品顿时身价百倍，吸引了人们的目光。

神像大拯救

当美国人热情期盼自由女神像的到来时，一个很严重的问题摆在了美国政府的面前——修建雕像基座的资金短缺。没有基座，自由女神像将无处安身。

于是，由美国大众报刊的标志性人物约瑟夫·普利策发起了一场声势浩大的募捐活动。最后，美国人为自由女神像筹集了10万美元资金，才使塑像的安装得以顺利进行，自由女神像终于可以在美国安家啦！

电闪雷击

自由女神像最高处距离海平面约90米，十分高大，可是，高也有高的忧愁。所谓“高处不胜寒”，自1886年落成以来，自由女神像已被闪电击中约600次。

看来，受到万众瞩目的“女神”的日子也不好过啊。

更有趣的是，很多人竟然都渴望亲眼看到闪电击中“女神”的场景。终于，一个雷电交加的夜晚，纽约摄影师杰伊·菲恩在曼哈顿炮台公园中拍下了闪电击中“女神”的壮观瞬间，满足了人们的心愿。

不过，可以想象，拍摄出这样震撼的照片一定花费了摄影师不少的心血呢！

22

今天你看了吗？

胡夫金字塔：世界上最大的金字塔

古埃及是世界上历史最悠久的文明古国之一，它的文明给了世人太多的惊喜，比如金字塔，它是用巨大的石块堆砌而成的。之所以叫金字塔，是因为它的外形从四面看都呈等腰三角形，很像汉字的“金”字。

胡夫金字塔是世界上最大的金字塔，又称“大金字塔”，相传是古埃及第四王朝第二位法老胡夫为自己修建的陵墓。

胡夫金字塔大约由230万块石块砌成，外层石块约11.5万块，平均每块重约2.5吨。胡夫金字塔原高约146米，被列入世界八大奇迹。

建造胡夫金字塔可不是一件容易的事，据说有10万名工人为此艰苦工作，花费整整20年的时间，才终于建成胡夫金字塔。

很难想象，在4000多年前生产工具极其落后的情况下，埃及人民究竟是怎么完成这一超级巨大的工程的。有人甚至说："金字塔是由当时已具有先进智慧的外星生物所建造的。"

时至今日，研究者仍然无法完全了解金字塔的秘密。

2002年9月17日，美国考古学家在埃及最高文物委员会的协助下，尝试用微型机器人"金字塔漫游者"打通胡夫金字塔中王后墓室的一道石门。在人们满怀期待希望奇迹发生的那一刻，埃及法老却和我们开了一个玩笑：石门后边，还有一道石门！

用水"流灌"的金字塔

堆砌胡夫金字塔所用的石块平均每块重约2.5吨，一直以来，人们都很好奇，古埃及人到底是怎么搬运那些大石块的呢？

有研究者认为：聪明的古埃及人就是利用水的润滑性来挪动巨石的。埃及有一种特有的红土叫塔浮拉，被水润湿后就变得湿滑，重物可以在上面滑动。于是，当洒水工人用水将这种红土地面打湿后，几十个运石匠就在湿滑的地面上努力地拉着沉重的石块，一步步将它们拖往建造工地。

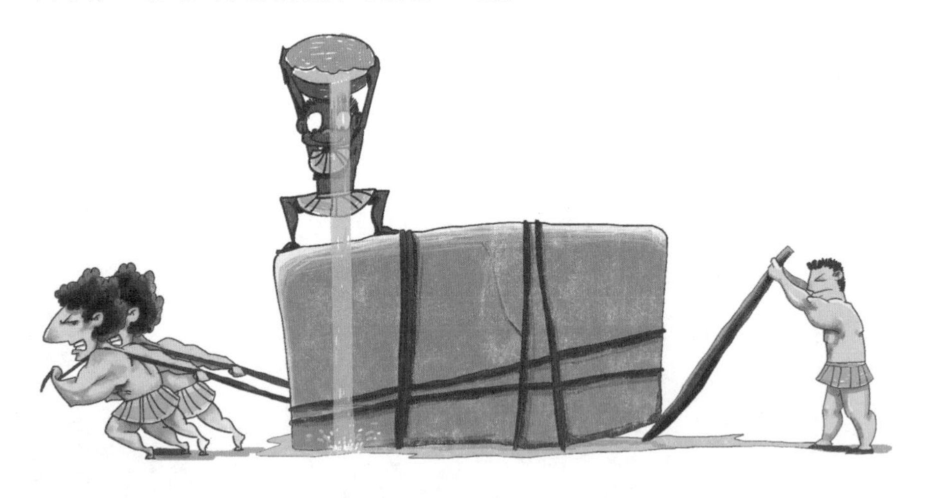

"最高"地位被抢

胡夫金字塔原高约146米，现因顶端剥落，高度降为约137米，相当于40层楼高呢！它凭借"身高"优势，十分轻松地坐上了当时的世界最高建筑这一"宝座"。

不过，这个位置可不是那么好坐的，它随时面临着被挑战的危险。这不，519年，中国的永宁寺佛塔正式建成，塔高147米，成功抢夺了胡夫金字塔的“最高”地位，这下，胡夫金字塔只能屈尊第二了！当然，在摩天大楼林立的现代世界，它俩的高度也可以说是寻常了。

“失踪”的胡夫木乃伊

金字塔是法老的陵墓，可奇怪的是，研究者至今都没有在胡夫金字塔里找到胡夫木乃伊。胡夫金字塔内的“国王墓室”里有一口巨大的花岗岩石棺，人们认为它应是胡夫木乃伊的安身之处，但离奇的是，石棺里面竟然是空的。胡夫木乃伊哪儿去了？未解之谜还留待我们去破解。

23

今天你看了吗？

比萨斜塔：世界上最著名的斜塔

在意大利托斯卡纳区比萨城的奇迹广场上，矗立着世界上最著名的斜塔——比萨斜塔。正如奇迹广场的名字一般，比萨斜塔就是世界的一个奇迹。

比萨斜塔于1174年动工，设计者是热拉尔多。塔楼工程到1271年仍在进行，厚墙中设螺旋楼梯，可通顶层。在建造过程中由于地基不均匀沉降，基础不够坚实，塔身向南倾斜，虽采取了一侧加载及使塔身略弯等措施，但并未能阻止塔身倾斜，因此得名比萨斜塔。1590年伽利略曾在塔上进行过自由落体实验。多年来，对塔的高度和倾斜度众说纷纭。一般认为比萨斜

塔的高度约55米，塔顶偏离铅垂线约5米。为防止塔身的进一步倾斜，意大利政府曾在1972年向全世界征求保护方案，已按其中的一个方案付诸实施并取得初步成效。1987年比萨斜塔作为文化遗产被联合国教科文组织列入《世界遗产名录》。

有人说，比萨斜塔之所以是斜的，是因为设计者故意设计成这样的。但这种说法显然是不成立的，谁会想到要去设计一座斜塔呢？要是塔在还没建好之前就倒了，那岂不是搬起石头砸自己的脚吗？

研究表明：比萨斜塔在最初的设计中本应是垂直的建筑，但是在建造初期就开始偏离正确的位置。而比萨斜塔之所以会倾斜，是由于地基土层的特殊性造成的。塔底有好几层不同材质的土层，各种软质粉土的沉淀物和较软的黏土相间，而在深约1米的地方则是地下水层。设想，要是你脚底下都是一些软泥巴，你能站得稳吗？

但出乎意料的是，这一原本的建筑“败笔”，却因祸得福成为世界建筑奇观，伽利略的自由落体实验更使它蜚声世界，成为世界闻名的旅游观光胜地。

斜塔上的实验

传说1590年，出生在比萨城的意大利物理学家伽利略，曾在比萨斜塔上做过著名的自由落体实验。他将两个重量不同的球体从相同的高度同时扔下，结果两个球体几乎同时落地。他由此发现了自由落体定律，推翻了此前亚里士多德“重的物体会先到达地面，落体的速度同它的质量成正比”的观点。

但是，伽利略的两个球体并非像传说中的一样一齐落地，即使重力加速度不变，两个球体受到空气阻力影响，是不会一齐落地的，这也就是为什么鹅毛和铅球不会一齐落地的原因。由于受到空气阻力的作用，两个球体不能看作自由落体。但是伽利略的实验结论是正确的，在真空中，无论多重的物体，都遵循自由落体定律。

拯救斜塔大作战

虽然比萨斜塔倾斜了这么多年都没倒，但并不表示它永远不会倒，意大利人采取了很多措施来防止这一世界奇迹倒塌。

2007年6月，耗资4000万美元的意大利比萨斜塔扶“正”工程彻底完工。这项工程自1990年开始，经过17年的努力，比萨斜塔塔顶中心点偏离铅垂线的距离比施工前减少45厘米，回归到1838年时的倾斜角度。专家认为，比萨斜塔目前“健康状况”良

好，至少可以再维持300年不倒。

为更好地保护这座始建于1174年的精美建筑，防止过度商业开发给比萨斜塔造成危害，斜塔管理部门已开始控制参观人数，实施分组、按时段参观制度。

按照这一规定，游人必须提前在专门等候区集中，然后由专人带队登塔。每次登塔的人数仅为15人，且在比萨斜塔上逗留的时间不能超过30分钟。

顽强的“豆腐渣工程”

不少人认为，比萨斜塔的倾斜，在很大程度上是设计勘探原因造成的，可是，这个“豆腐渣工程”居然存在了800多年，真是顽强啊！

而在中国四川马尔康县，也有这样一个顽强的建筑。那里的直波碉楼建成已有300多年的历史，经测量发现塔顶较中心位置已倾斜达2.3米，并且历经三次大地震依然屹立不倒，被誉为“中国斜塔”。

24

今天你看了吗？

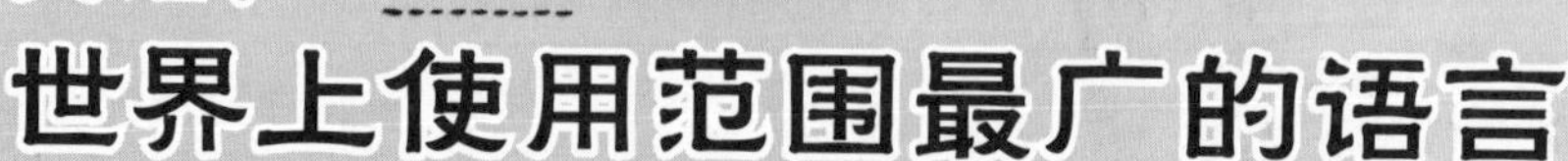

英语：世界上使用范围最广的语言

很多人会有这样的疑问：“我为什么要学英语呢？”童年记忆中，不少周末与英语为伴，学习英语成了必修课。的确，当今的世界英语是宠儿，它是世界上使用范围最广的语言。

英语是许多国际组织，比如联合国、英联邦国家以及欧盟的官方或工作语言之一。英语已经成为一种国际语言，如今许多国际场合都会用英语作为沟通的媒介。

英语是个爱“抄作业”的家伙，它的发展历史就是典型的语言文字“抄袭”史，或许正是这种兼容并包，才是它的魅力所在！

都说法语是世界上最美丽的语言，和英语这个不拘小节的家伙比起来，法语就像一位骄傲无比的“贵族”：它容不得别人的东西进入自己的家族，它总是固守着自己的语言传统，日复一日，年复一年。很多人奇怪，大不列颠这个欧洲大陆外围小岛上的语言怎么就征服了世界呢？其实，正是英语包容万物的大度，成就了它征服世界的宏图伟业。

“变身”的语言

英语原属于大不列颠岛，但随着文化的不断传播，它像个“变形金刚”似的，不断地“变身”。

由于每个地区都有自己独特的文化，所以，每到一处，英语总是会被“盖”上这个地区的“文化之印”，于是就形成了相对于英式英语和美式英语而言的各种方言，这就像汉语有各地方言一样。

英语的历程

英语发展到17世纪，已成为能够和古代希腊语、拉丁语、近代法语、意大利语相媲美的文学语言。

1662年正式成立的英国皇家学会提倡用质朴的英语探讨哲学和自然科学，从此，英语逐渐代替拉丁语，成为哲学和科学著作的语言。

1755年出版的由约翰逊编纂的《英语词典》对英语的规范

化起到了积极的作用。

18世纪，英语扩展到北美、印度、澳大利亚等地，使其词汇量进一步扩大，逐渐成为世界上使用范围最广的语言之一。

大众的宠儿

如果说法语是让人难以接近的“高傲公主”，那英语就是长着一张可爱脸的“邻家女孩”，它更像是大众的宠儿。

一些词汇可能美丽，一些词汇可能拗口，但这都是英语，它属于全人类。

25

今天你看了吗？

0：世界上最重要的数字

876年，人们在印度的瓜廖尔发现了一块刻有数字“270”的石碑，这也是人们发现的有关“0”的最早记载。经过探究，人们发现世界上最先把零作为一个数加入运算的正是印度人。

很久以前，印度人是用空格来表示空位的，但为了避免看不清带来的麻烦，他们便在空格上加了一个小点，这个小点后来就发展为“0”。

7世纪初，印度数学家葛拉夫·玛格蒲达首先赋予了“0”数的意义。他说明了“0”的性质：任何数乘“0”是“0”，任何数加“0”或减去“0”得任何数。

而从7世纪起，中国也开始用“空”字来作为零的符

号，后来，又改用圆圈“○”。我们现在普遍使用的阿拉伯数字“0”，是在13世纪传入中国的，而当时中国使用圆圈“○”已有一百多年的历史了。

“0”在我们看来就是一个穷光蛋，它代表着一无所有，但要是少了它，那我们的生活可就乱套啦！对于那些大的数字来说，若是少了一个“0”可是会带来巨大的差异呢。就拿一亿来说吧，如果在一亿的尾巴上漏掉一个“0”，那数值就变成1000万，足足少了9000万呢！“0”对于从事会计工作的人来说更是至关重要，如果一不小心，少记了一个“0”或者多记了一个“0”，会让企业遭受巨大的损失！

“0”是一个极为重要的数字，它是其他数字无法替代的。正如恩格斯所说的：“零不只是一个非常确定的数，而且它本身比其他一切被它所限定的数都更重要，事实上，零比其他一切数都有更丰富的内容。”

百变数字

“0”看似单调，实际上，它可是一个有魔力的数字，它代表着丰富的想象力。有人会觉得它像个鸡蛋，有人会觉得它像个神秘的洞穴，还有人会觉得它像字母“o”。

我们可以说，“0”是一个原点，代表着新的开始；“0”也是一个句号，应该停的时候就停下；“0”还代表着空空的容器，等待我们去装填……关于“0”的想象实在是太丰富了，“0”就是这样无处不在，给我们的生活带来种种可能。

魔鬼数字

“0”是世界上公认的最重要的数字，可是在公元前15世纪的欧洲，它却引起了人们的困惑，是人们眼中的魔鬼数字，这到底是怎么回事呢？

原来，当时西方人认为所有数字都是正数，而“0”这个数字会使很多算式、逻辑不能成立，比如任何数乘以“0”，会是什么结果呢？这样一来，“0”就挑战了西方人的理论经验，它就像是一根无形的导火线，引爆了西方的学术界。

虽然现在一切问题都解决了，“0”已完全融入数字家族的生活，但曾经，“0”这个“魔鬼数字”对人们来说还真是挺麻烦的呢！

科学的数字

据说，有一位罗马学者从印度记数法中发现“0”后，兴奋不已，逢人便说：“印度人真聪明，这个办法真好！”并对印度人使用零的方法进行详细的介绍。

谁知，罗马教皇得知这个消息后大发雷霆，不久，这位学者被抓了起来。

但不管怎样，事实最终会证明，科学就是科学，就像数字“0”的使用一样，任何神创论都是站不住脚的。

26

今天你看了吗？

人体银行：世界上最奇特的银行

器官移植是人类的一个古老梦想，在中国古籍《列子》中，就有神医扁鹊为病人换心的故事。大约在公元前600年，古印度的外科医师就用从病人手臂上取下的皮肤来重整鼻子。

1954年，美国波士顿的医学专家哈特韦尔·哈里森和约瑟夫·默里第一次成功地完成了人体器官移植手术——肾移植手术，开创了人体器官移植的新时代。

受此启发，医学家们有了一个大胆的设想：如果开设一家“人体银行”，专门储备富有生命活力的人体器官以备不时之需，那该有多好啊！

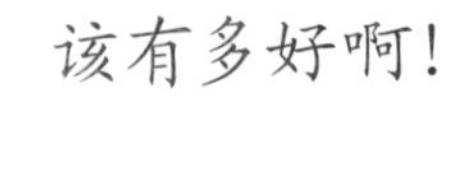

随着医学技术的不断发展，他们的设想终于变成了现实，世界各国相继出现了这种奇特的银行。

比如，德国的“眼球银行”，专门收集和储存刚刚死亡的人的眼球，以供国内外眼科医生做角膜移植手术。美国的“肾脏银行”和“细胞银行”，前者专为需要替换肾脏的人提供健康的肾脏，后者则冷冻储备了大量的人体细胞和动物细胞，供专门从事细胞研究的科学家使用。澳大利亚的“头发银行”，专门为严重脱发的人移植使用。还有“皮肤银行”“耳朵银行”“血管银行”“手指银行”……不胜枚举。

不过，器官移植可不像我们想象中的那么容易，它可能会给接受器官移植的病人带来一系列的并发症，其中最严重的就是排斥反应。人体的免疫功能，会对进入体内的外来“非己”组织器官加以识别、控制、摧毁和消灭。不过随着医学技术的发展，也许有一天，人们更换身上的病变器官会像机器更换零件一样容易。

多器官移植的“诞生”

器官移植从一个古老的梦想变成现实经历了极其漫长的过程。

1989年12月3日，世界首例肝心肾移植手术获得成功。这一天，美国匹兹堡大学的器官移植专家经过将近22个小时的努力，顺利地为一位名叫辛迪·马丁的妇女患者进行了世界首例肝脏、心脏和肾脏多器官移植手术。

马丁三年前曾做过心脏移植手术，这是她第二次接受移植手术治疗，令人高兴的是，手术后情况一切正常。

3D打印人体器官

全世界每天会有病人因为找不到合适的替代器官而死亡，这对于那些徘徊于生死边缘的人来说无疑是非常残酷的事。

不过，随着3D打印技术的不断发展，情况也许会大大改观。这是一种新兴的生物技术，在打印过程中，3D打印机将

逐层打印器官细胞和血管内壁细胞，在打印了大约20层后，这些细胞就形成了一个坚实的实体器官，从而起到替代人体组织的作用。

据说，在不久的将来，世界上将会出现第一个通过3D打印技术制造的肝脏器官呢！

愿意接受猪的心脏吗

设想有个病人的心脏正一天天地衰弱，迫切地需要一颗新的替代品。当期待已久的电话终于响起时，激动万分的病人几乎不敢相信电话线那头医生的话。因为医生竟然告诉他："本次捐献者并非人类，而是一头猪。"

其实，病人并不需要为此忧心忡忡，因为猪的心脏与人体心脏很相似，大小也相当，所以将猪的心脏移植到人体内或许真的可行呢。

2014年5月，美国科学家宣布，一只狒狒在移植猪的心脏后又存活了一年多！

今天你看了吗?

27 “福特”号：目前世界上最先进的航空母舰

航空母舰是一种主要用于搭载飞机的大型水面军舰，它的初衷是为了便于飞机执行侦察任务。

1910年11月14日，美国飞行员尤金·伊利驾机从“伯明翰”号轻巡洋舰起飞，这是人类首次驾驶飞机从一艘军舰上起飞。1911年1月18日，伊利又在“宾夕法尼亚”号重巡洋舰上实现了人类首次驾驶飞机在军舰上安全降落。

英国海军不甘落后，于1912年底开始进行将轻巡洋舰改装成水上飞机母舰的实践。经过几次探索和尝试之后，终于在1917年4月开始着手设计“竞技神”号——世界上第一艘从一开始就按航空母舰要求设计建造的军舰。

不过，“世界第一”的头衔最终还是让日本人获得了。1922年12月，“凤翔”号航空母舰在日本的横须贺海军船厂建成。因为它赶在了“竞技神”号之前服役，所以，它被认为是世界上第一艘真正意义上的航空母舰。

“凤翔”号航空母舰虽小，却揭开了航空母舰的光辉历史。时至今日，航空母舰已有了相当大的发展。

目前世界上最大最先进的航空母舰，要数美国海军的“福特”级核动力航空母舰了。目前该级别第一艘“福特”号航母已开始投入使用，它是美国乃至世界海军史上造价最高的航母，高达137亿美元。“福特”号长330米，宽41米，满载排水量10万吨，拥有巨型飞行甲板，甲板上可以容纳至少75架战机，堪称“超级航母”。用“海上巨兽”来形容它，真是再恰当不过了。

世界第一

航空母舰是一种以搭载舰载机为主要武器的军舰，是现代海军不可或缺的武器，同时也是海战最重要的舰艇之一。依靠航空母舰，一个国家可以在远离国土的地方，利用战机与战舰进行海空协同作战。世界上第一艘安装全通飞行甲板的航空母舰是1918年5月完工、同年9月正式编入英国皇家海军的“百眼巨人”号，它由一艘客轮改装而成，可载机20架。

中国第一

建造航母是中国几代海军的梦想，也是一个大国综合国力、军事实力的象征。2011年8月10日，首艘中国航母平台“辽宁舰”进行出海航行试验。2011年8月14日，“辽宁舰”从海试海域回到大连。

至此，中国成为世界上第十个拥有航空母舰的国家。

冰造航母

1943年初，德国的潜艇“狼群”日趋猖狂，四处出击。为此，美国、英国、加拿大三国海军决定加速建造一批反潜航母，可是由于战事不断，造舰材料匮乏。于是，三国科学家在加拿大的帕特里夏湖，用掺进一定比例木屑的冰制成了一艘长20米、重达1000吨的航母模型。为了驱散热量，该航母模型安装了大量的散热装置，同时还在舰上装设了多架制冰机，用以填补、修复舰身出现的裂缝。经过试验，这艘冰造航母模型基本符合设计要求，能承受较大风浪冲击，小型炮弹对它也无可奈何。

试验成功后，三国计划出资几千万美元，动工建造一艘长约600米、重200万吨、可载大量飞机的超巨型航母。然而，意外的情况出现了，由于专家们对大型动力装置的散热量估计不足，发动机一启动，舰身的大量冰层迅速融化。于是，“冰造航母”的计划只好搁置了。

28

今天你看了吗？

可口可乐：世界上最“可口”的饮料

1886年5月的一天，一个双手抱头的中年男子急匆匆地闯进了美国一家不起眼的小药店，嚷嚷着要买一种名叫可口可乐的治头痛的药水。可是很不巧，这种药水已经卖完了。中年男子听说无药可卖，气愤得挥舞着拳头想要打人。为了应付快要失控的场面，店员灵机一动，将一种类似治头痛的药汁与苏打水、糖浆混合成一种红色的药水，给那位顾客喝了一小杯。

中年男子喝下“假冒”药水后，感觉头似乎不那么疼了，便扔下钱离开了小药店。

过了一会儿，药店老板庞巴顿从公园散步回来，一进店门就看见五六个顾客吵吵嚷嚷着要买刚才那个中年男子喝过的红色药水。精明的老板立刻意识到商机，于是对顾客们说：“这种药水刚刚卖完，请大家稍候片刻，我马上去重新配制。”

老板把店员叫

进配药房，按照第一次的配方重新配制了药水，交给顾客们。顾客们满意地走了，并纷纷表示要向朋友推荐这种“可口”的新药。

一年后，这种药水的销售量仍在猛增，药店老板对其配方进行多次改进，使它具有了药物和饮料双重功能。到了1902年，可口可乐的年销售量激增到136万升，成为风靡世界的热门药。

到了20世纪30年代，可口可乐已不再是治疗头痛的药物，而是一种日常饮料了，可口可乐公司的董事长罗伯特·伍德鲁夫则成了世界闻名的饮料大王。

可口可乐原浆的配方是极机密的，核心技术是占其含量不到1%的神秘配料——7X。但是，真正了解这种神秘物质的人，世界上不会超过10个。7X的信息被保存在美国亚特兰大一家银行的保险库里，它由三种关键成分组成，这三种成分分别由公司的三位高级职员掌握，并且三人的身份绝对保密。

古怪的名字

如果你回到民国时期的中国西餐厅，你可能会听到一些时髦的人说：“服务员，请给我来一杯‘蝌蚪啃蜡’。”这“蝌蚪啃蜡”是什么东西？其实，“蝌蚪啃蜡”就是现在老少皆爱的可口可乐！真没想到，可口可乐在那么早的时候就跑来中国啦！

但这个大“明星”刚到中国的时候，遭受了不少冷眼。不说别的，只要听到“蝌蚪啃蜡”这样的怪名字，还会有人萌生食欲吗？

为了改善销售情况，那家出售“蝌蚪啃蜡”的饮料公司公开登报，用350英镑的奖金悬赏征求译名。

最终，当时身在英国的一位上海教授击败了所有对手，拿走了奖金，而这家饮料公司也获得了迄今为止广告界公认的翻译得最棒的品牌名——可口可乐！

从此，这个响亮的名字享誉中国。

能吃掉的"瓶子"

在畅快地喝完一瓶可口可乐后，你有没有想过连那只瓶子也一起吃掉呢？听到这儿，你肯定觉得是在开玩笑吧！可是2013年，在美国哥伦比亚出售的可口可乐的瓶子真的可以吃哦！不信你看，它的瓶子并不是塑料做的，而是冰块做的。用模型制成冰瓶后，将可乐灌入，贴上标签，一瓶冰瓶可口可乐就诞生啦，是不是很神奇呢？要是炎炎夏日，喝一瓶可口可乐还不过瘾，那不如连瓶身也一同吃掉吧！

求拥抱的自动贩卖机

2011年可口可乐公司携手奥美广告举办可口可乐125周年庆，推出过一款"可口可乐拥抱贩卖机"，只要你给它一个拥抱，这个充满人情味的可口可乐贩卖机也会尽自己所能，同样给你爱的"回抱"——一罐免费的可乐。

可口可乐的营销策略不断向世界传递着快乐。看来，不只是人类喜欢拥抱，自动贩卖机也需要一个大大的拥抱呢！

29

今天你看了吗？

迪斯尼乐园：世界上最受欢迎的游乐园

人们都喜爱聪敏活泼的米奇、温柔善良的米妮、憨厚可爱的维尼，还有整天叽叽喳喳的唐老鸭。有时候，我们会幻想自己能成为它们的好朋友，和它们一起开心地玩耍。

其实，想见到这些可爱的家伙可不只是一个梦而已，它们都在一个梦幻的地方等着你呢。这个地方就是迪斯尼乐园。

迪斯尼乐园是世界上最受欢迎的游乐园之一，不论

是大人还是小孩，都会被它的绚烂多彩深深吸引。

走进迪斯尼乐园，你会感觉自己进入了一个梦幻的天堂，童话中的城堡、南瓜车、古街道以及骑着白马的王子和穿华丽裙子的公主纷纷出现在你的面前。还有那些我们从小喜爱的卡通明星，比如米奇和唐老鸭，它们总会在不经意间出现在乐园的各个角落，热情地与人们打招呼，合影留念。

每个迪斯尼乐园都像是一个梦的乐园，在占地面积最大的美国奥兰多迪斯尼乐园里，在“海底两万里”主题乐园里，你可以坐上特制的潜艇，去看满载珠宝货物的沉船和因地震陷落海底的古代城市；如果来到“拓荒之地”和“自由广场”，那就是另一个天地了，在这里人们可以重温当年各国移民在新大陆拓荒的种种情景和英国殖民时期美洲大陆的状况。怎么样，听起来是不是很有趣呢？

永远“建不完”的乐园

截至2016年10月，在美国加利福尼亚州、美国佛罗里达州、法国巴黎、日本东京、中国上海、中国香港六处建有迪斯尼乐园。

而要评选其中最创新的乐园，非东京迪斯尼乐园莫属。从开园那天起，东京迪斯尼乐园就实行了两个重要的经营策略：以不断增添新的游乐场所和器具及服务方式来吸引游客；让来过的游客还要再来。

不断有新的乐趣和新的体验，成为迪斯尼乐园保持永恒魅力的撒手锏。它永不满足于现状，总是不断地创新，带给人们无限的惊喜。

巨大的“玻璃球”

六个迪斯尼乐园里，要数位于美国佛罗里达州的奥兰多迪斯尼乐园的规模最大，分“动物王国”“魔幻影城”“科幻天地”“梦幻世界”四个主题乐园，还有两个水上乐园，全部玩一遍，最少要五天。

在“梦幻世界”主题乐园里，有一个巨大的“玻璃球”，它是一个由无数面镜子组成的精致大圆球。在大圆球里，游客们可以乘坐小火车，一路欣赏世界各国的文明进程，展望未来的生活。真可以说是一次妙不可言的历史与科技体验呢！

受欢迎的米老鼠

你知道吗？迪斯尼乐园最受欢迎的主题卡通人物米老鼠，按照年纪来看，算得上是个“老爷爷”了。

迪斯尼公司的创始人华特·迪斯尼在很小的时候就喜欢画画，虽然这项爱好一开始并没有得到父母的支持，但他一直没有放弃。

当迪斯尼21岁时，他住在堪萨斯市一间破烂不堪的车库里，不停地在画板上描绘着他漫画家的梦想。而在寂寞黑夜里，陪伴他的只有一只小老鼠。正是这只小老鼠给了他无穷的灵感。1928年，米老鼠在迪斯尼的笔下诞生了，直至今日，可以说它仍然是最受小朋友欢迎的卡通形象之一。

30

今天你看了吗？

悬空寺：世界上最精巧的设计

当你摇摇晃晃地走在索桥上，因脚下的悬崖而胆战心惊时，突然一抬眼，竟看到前方悬崖峭壁间有一座古老的寺庙，肯定会忍不住发出惊叹：“千古奇观，名不虚传！”

位于中国山西恒山的悬空寺，始建于约6世纪的北魏末期，金代重修，是古代栈桥式悬壁寺庙建筑。这座寺庙悬挂在距离地面60多米的悬崖上，现存大小殿阁13座，

气势险峻，因而得名悬空寺。

从远处看，悬空寺好像一座玲珑剔透的精致浮雕，镶嵌在万仞峭壁之间；走近看，整座寺庙又给人一种凌空欲飞的气势，正如明代旅行家徐霞客所言，是名副其实的“天下巨观”。

在悬空寺外的峭壁上可以看到许多文人墨宝，其中最有名的要数唐代大诗人李白所题的“壮观”二字了。咦，这个“壮”字怎么多了一点呢？哈哈，原来李白在游览悬空寺后，写下了“壮观”二字，但觉得还不足以体现悬空寺的气势，就特意在“壮”字上多加了一点。

虽然地势险峻，但普通寺庙有的布局悬空寺全都有：山门、钟鼓楼、大殿、配殿……不同的是它因地制宜，充分利用峭壁的自然状态进行布置，在狭小的空间中创造出布局紧凑、别出心裁的立体感，是当之无愧的建筑瑰宝。

文物保护

悬空寺是中国古代栈桥式悬壁寺庙建筑，始建于北魏末期，金代重修，后归列恒岳庙宇范畴，明清予以重建。1982年国务院将其列为全国重点文物保护单位。

悬空寺现存大小殿阁13座，铜铸、铁铸、泥塑、石雕造像80余尊，寺宇布局紧凑，气势险峻。1500多年来，悬空寺虽地处烽烟四起的边塞，却至今得以完好保存，真不能不说是一个奇迹。

如果我们有机会去那里，一定要注意文明出行，好好保护这些令国人自豪的优秀文化建筑遗产哦。

“悬”得神奇

“悬空寺，半天高，三根马尾空中吊”，说的就是悬空寺临渊的险峻和设计的精妙。从表面上看，悬空寺靠下方十几根碗口粗的木柱作为支撑，但事实并非如此。据说在悬空寺建成的时候并没有这些木柱，考虑到很多人因为看不到支撑物感到害怕，才特意安置了这些木柱。其实，悬空寺真正的重心支撑在坚硬的岩石里，能工巧匠们利用力学原理半插飞梁为基，给了整座建筑稳固有力的支持。再加上飞梁所用的木料是当地特有的铁杉木，用桐油浸过，防蛀防腐。这千年不倒的悬空寺真是古人智慧的结晶啊！

悬空寺因何千年不倒

悬空寺的设计者眼光独到，为寺庙选择了一个很特别的建筑位置。悬空寺处在深山峡谷的一个小盆地内，高挂在悬崖间，即使山下洪水泛滥也不会威胁到这里。寺庙正上方的山峰恰好有一片突出的石壁，仿佛一把大伞为寺庙挡住了雨水的冲刷。而四周连绵的大山也像一个屏障，减少了阳光照射悬空寺的时间。这得天独厚的地理优势不能不说是悬空寺得以保存千年的一个重要原因。

31

今天你看了吗？

纳斯卡巨画：世界上最神秘的画作

在秘鲁伊卡省的东南隅，有一座名叫纳斯卡的小镇。这座小镇安宁而恬淡，但在这宁静之下，却留存着一个至今无法解开的谜题。公元前500年到公元500年之间，古代的纳斯卡文明留下的荒原巨画就静静地留在这片土地上，给人无限的遐想……

在小镇的东面，是绵延巍峨的安第斯山脉。在山与小镇之间，横亘着一片广袤的荒原，这里寸草不生，鸟兽难栖，人迹罕至。

1926年夏季，一支秘鲁国家考古队来到纳斯卡荒原。当考古队员们坐下来休息时，一名队员出于职业习惯，下意识地扒开了眼前零零碎碎的乱石。突然，他眼前一亮，石头底下隐藏着人工挖成的“沟槽”的痕迹。再细细察看，“沟槽”里竟填塞着无数像生锈的铁块一样的石子。

这一偶然发现，使考古队立即投入到紧张的发掘工作中去。经过大规模的深入发掘，考古队发现“沟槽”的形状和走向十分奇特，有的舒展飘逸，有的短促顿挫，有的回环宛转，更有的似乎直通天际，真是鬼斧神工，难以捉摸。

后来，考古学家决定乘飞机对纳斯卡荒原进行空中摄影和观察。当他们从高空中俯瞰时，映入眼帘的景象顿时使他们瞠目结舌：荒原上的“沟槽”不是他们原先猜测的灌溉渠道，也不是地表的裂沟，而是一幅幅绵亘无垠的巨画。图形之间大多还连着超长的线条，最长的线条竟长达65千米。

纳斯卡巨画中，有蜘蛛、鸟、猴子、鲸、蜥蜴等很多动物图形。除此之外，还画着花和人类。有些图形比一个足球场还要大，其中仅一条蜥蜴就长达180米。目前发现的纳斯卡巨画总共有100多幅。

这些神秘的画作究竟系何人所画，至今仍是个未解之谜。

巨画画了些什么

荒原图案大小不一，长度大多为15～300米。从拍摄的照片来看，这些图案惟妙惟肖，称得上是上帝的杰作。

这些图案有些恰似蜥蜴、蜂鸟、鸭子、鲸，有些又宛若猎狗、蜘蛛、鹦鹉、苍鹰，还有些极像海草、仙人掌、花朵。其中有一只猴子的形象比一个足球场还大，它的一只手掌就有12米宽，看起来活灵活现，风趣盎然。另有一只大鹏的翅膀长约50米，身长达300米，远远望去，恰似于风中扶摇直上，轻盈飞舞；又如海中的巨大旋涡，盘旋而上，缓缓升腾。

一模一样的图案

荒原图案的大部分图形是单线勾勒的，线条从不交叉，人们可以把任何一处作为起点，沿着线条漫步，决不会碰上重叠的路途。

这些精妙的图案，每隔一定距离就重复出现，距离极为精

确，巨大的动物图案都是一再出现的全等图形，同类图案都一模一样，丝毫不差，好像是用同一模具制造出来的。由于现代科学一直无法解释这些图案的成因，许多人将它们视为外星人的杰作。

美景背后的光学奥秘

当晨曦微露时，原本只有从空中俯瞰才能观赏到的荒原美景，此刻却清晰地呈现在眼前，图案中的飞禽走兽一下子活跃起来，或凌空翱翔，或疾速驰骋，或游弋海底。但是当太阳逐渐升高，图案竟然消失了。

原来，每段图案“沟槽”的深浅和宽度都是根据旭日斜射率精确计算出来的。可见荒原图案的创作者不仅是卓越的艺术家，也是深谙光学的科学家。

32

今天你看了吗？

《火车进站》：世界上第一部公开放映的电影

1895年12月28日，是世界电影史上值得纪念的日子。这一天，法国的卢米埃尔兄弟在巴黎嘉布欣大道的某家咖啡馆地下室，公开放映了他们所拍摄的数部短片。当天最先播放的影片《火车进站》就成为世界电影史上第一部公开放映的电影。

在我们的印象中，电影都用时较长，但《火车进站》竟只有短短的50秒。难以想象，卢米埃尔兄弟是怎么利用这50秒的时间来叙述一件事情的，但不可否认的是，他们做到了。

全长50秒的内容，拍摄了蒸汽机车牵引着客车，从远处渐渐地驶进车站。火车头由画面的左下角滑出镜头停稳，旅客上下火车，人群在镜头前晃荡行走，接着，火车驶离车站，影片结束。

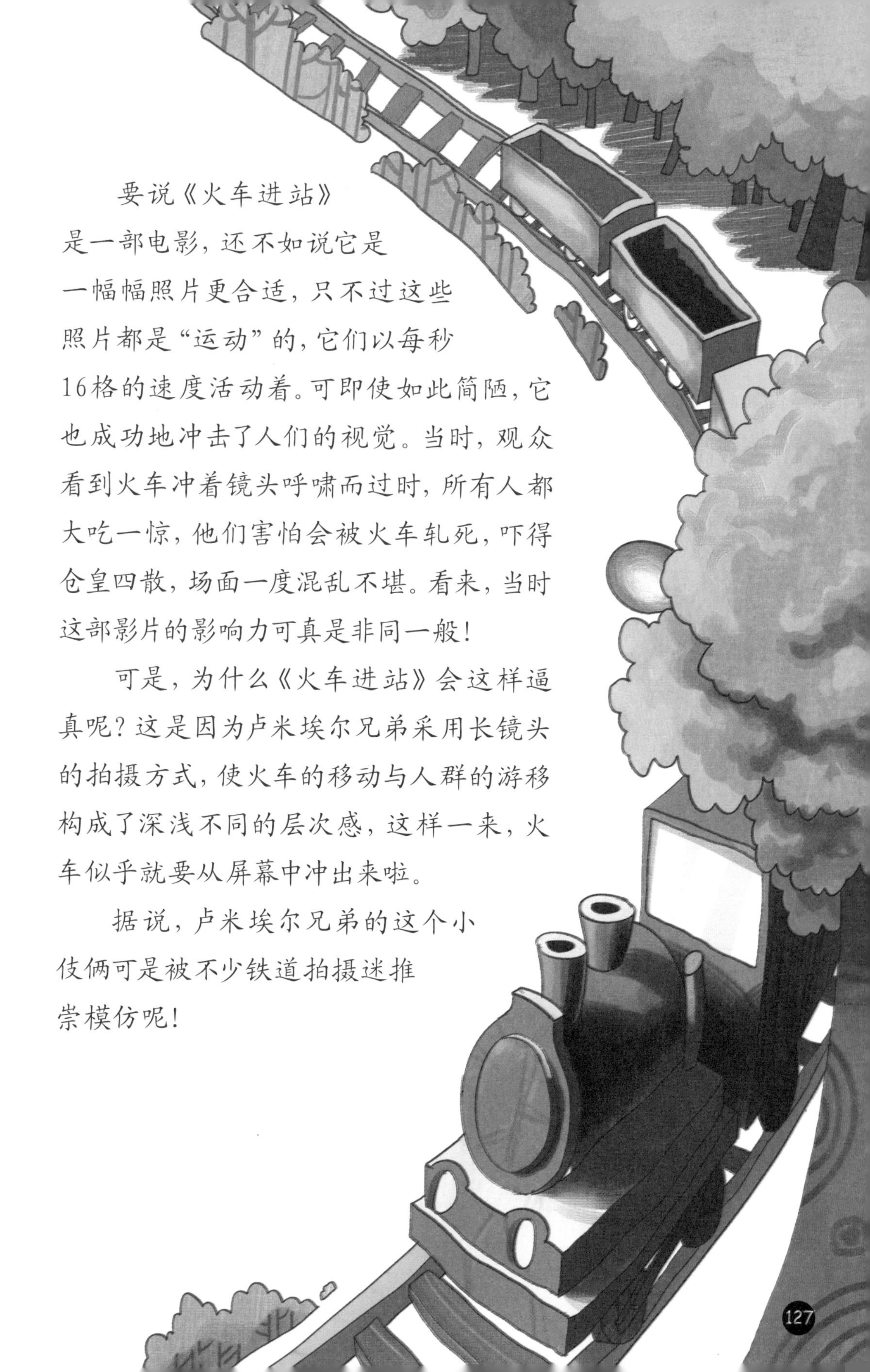

要说《火车进站》是一部电影，还不如说它是一幅幅照片更合适，只不过这些照片都是“运动”的，它们以每秒16格的速度活动着。可即使如此简陋，它也成功地冲击了人们的视觉。当时，观众看到火车冲着镜头呼啸而过时，所有人都大吃一惊，他们害怕会被火车轧死，吓得仓皇四散，场面一度混乱不堪。看来，当时这部影片的影响力可真是非同一般！

可是，为什么《火车进站》会这样逼真呢？这是因为卢米埃尔兄弟采用长镜头的拍摄方式，使火车的移动与人群的游移构成了深浅不同的层次感，这样一来，火车似乎就要从屏幕中冲出来啦。

据说，卢米埃尔兄弟的这个小伎俩可是被不少铁道拍摄迷推崇模仿呢！

不被看好的发明

虽然如今电影已成为人们精神生活的一部分，可是，当初卢米埃尔兄弟推出他们的影片时，并没有人看好这一新兴事物。

当时的人们依旧沉浸在古典的舞台剧中不肯挪一挪步子，以至卢米埃尔兄弟第一次在咖啡馆里放映自己的影片时，只有少得可怜的33位观众。

但谁也没想到，这次放映的效果出奇的好。从这之后，有时一天得放映十几场才能满足观众的需求，若观众实在太多了，现场拥挤不堪，还不得不出动警察来维持秩序。

别出心裁的“谎言”

在卢米埃尔兄弟的时代，电影一直是个不会说话的“哑巴”，可突然有一天，这个“哑巴”居然开口说话了！

其实，这只是卢米埃尔兄弟别出心裁的“谎言”，他们让放映人员躲在屏幕后面念台词，这也就是我们现在所说的配音。

卢米埃尔兄弟为电影从无声时代迈入有声时代做出了卓越的贡献!

不动的摄像机

拍摄电影时，摄像机随着演员四处运动，但拍摄《火车进站》时的摄像机偏偏是固定不动的。你是不是会想，摄像机不动怎么能拍电影呢?

其实，卢米埃尔兄弟是故意把摄像机固定在月台上的，这样一来，火车和旅客们的一举一动都能被看得一清二楚。同时，也大大节约了拍摄成本，看来，为了拍好这么短的电影，他们也费了不少心思啊!

33

今天你看了吗？

毕加索：世界上最具探索精神的画家

走在博物馆里，静静地欣赏橱窗里那一幅幅看似凌乱却含义深刻的画作，你仿佛能看到画作背后那一张充满激情而又十分坚定的脸——那个离我们很遥远的绘画大师毕加索。

毕加索一生坚持创作，用涂鸦般的笔触，刻画出了一个我们未知的世界。

毕加索堪称艺术天才，他一生创作了近37000幅画作，直到90岁他仍然像孩子一样在探索着进行新的绘画尝试。他是当代西方最有创造性和影响最深远的艺术家之一，也是立体画派的创始人，他和他的作品在世界艺术史上占据了不朽的地位。

毕加索手中有一支善变的画笔，因此他的作品风格丰富多样。毕加索在绘画技法上拥有非凡的创造力，你永远都想不到他的下一幅作品会带来

怎样的惊喜。

初见毕加索的画，你的第一印象可能是“杂乱无章”，有人甚至戏言：“这样的涂鸦我也会呀，不就是拿笔在纸上乱画几下嘛！”

的确，在毕加索的作品里，你甚至找不到一个传统意义上正常的人，所有的物体在他的笔下都变得面目全非。就拿那幅《罪恶的报酬》来说吧，整幅画“恰似一地打碎了的玻璃”，但偏偏在这“一地碎玻璃”中，蕴含着某种微妙的联系，一切其实都井井有条。

毕加索用画笔“拼凑”起来的形象，似乎是各个角度的视像的综合体，这种画风彻底打破了自意大利文艺复兴开始的五百年来的透视法则对画家的限制。试想一下，要从传统的画法限制中突破出来，那得需要多么丰富的想象力啊！

“贴”出来的名画

在毕加索看来，画画不仅可以用画笔、颜料，还可以用别的方法，比如贴纸。当时的人对这种画法充满了疑问：“贴纸也能成为画？”没错，毕加索的确用这种方法创作出了不少作品呢，这也就是绘画界鼎鼎有名的立体画法。在他的名作《瓶子、玻璃杯和小提琴》中，立体画法就得到了很好的展现。

在这幅拼贴的画上，左边的一块报纸表示一只瓶子，那块印有木纹的纸则代表一把提琴。这看似简单的方法需要源源不断的创造力和突破传统的勇气。

不被理解的童年

你可能不会知道，绘画天才毕加索在童年时期可是很多人眼中的“傻小子”呢。他小时候曾是一个不爱上课的“坏”孩子，上课对他来说简直就是折磨。他惨不忍睹的成绩让他成了同学们捉弄的对象，他们喜欢跑到他的课桌前，逗他玩：“毕加索，二加一等于几？”然后看着毕加索冥思苦想的样子哈哈大笑。

就连老师也经常在毕加索父母面前，描述毕加索的“痴呆”。

几乎所有人都认为：毕加索是一个傻小子！也许没有人能够想到，他会成为世界级的绘画大师！

长寿的大师

毕加索算是艺术界的寿星了，他在世上度过了充满传奇色彩的92年，那他长寿的秘诀是什么呢？毕加索一生喜欢体育运动，每天他都会去公园锻炼，这个习惯持续了几十年。另外，他还喜欢逗家里的狗玩，这样既能增添生活乐趣，还能活动筋骨，真是一举多得啊。

34

今天你看了吗？

骨笛：世界上最古老的乐器

如果你以为古人的生活是单调乏味的，那就大错特错了。我们伟大的祖先在很早的时候就已经会演奏音乐了，他们利用有限的条件创造出了那些令我们陶醉的音乐。

比如，动物骨头在古人眼中就是宝贵的乐器材料，他们用骨头制作出了世界上最古老的乐器——骨笛。

骨笛是笛子家族的一员，它是用鹫鹰的翅骨或丹顶鹤的腿骨制成的，它曾经叱咤于西藏、青海、云南、四川、甘肃等地的民间乐坛。骨笛常被用于独奏，是人们自娱自

乐的宝贝。

骨笛的历史实在是太悠久了，几乎没有人能准确地说出它的“出生时间”，它总是一次次地刷新自己创造的纪录。随着骨笛的不断出土，它的“出生年月”越来越早，最后，人们只能用一个词来形容它，那就是“古老”。

骨笛看上去十分简陋，似乎不需要花什么心思去制作，可简单的事情往往有其复杂的一面，比如，要想把骨笛上的那些音孔打磨得细致圆整，还真不是一件容易的事。可是，原始人类却做到了。此外，他们还能精确计算以确定每个音孔的位置呢！

仗义的鹰王

骨笛实在是太古老了，可它究竟是如何出现的？这其中还有一个美丽的传说。

传说，鹰王为了让陪伴自己多年的猎手不再受地主压榨，便让猎手将自己身体中最大的那根骨头取出来，做成一根骨笛。从此以后，只要猎手一吹骨笛，成群的猎鹰就会如期而至，赶走可恶的地主。

鹤骨笛的故事

如果说鹰王和猎手的故事只是一个传说，那有关鹤骨笛的便是一个真实的感人故事。

从小深爱丹顶鹤的女孩徐秀娟，投身于保护丹顶鹤的事业。1987年9月16日，23岁的徐秀娟在寻找一只走失的丹顶鹤时，不慎滑进了沼泽，献出了宝贵的生命。

为了纪念徐秀娟的事迹，民族乐器大师常敦明用丹顶鹤的腿骨做成了两支骨笛。据说用这两支骨笛吹响曲子，会吸引丹顶鹤翩翩起舞。

未解之谜

8000多年前的贾湖人制作骨笛的工艺可谓出神入化，你肯定难以想象，他们竟然将骨笛的音准把握得如此精准。

一般来说，弦乐器演奏家对音高的敏感度最强。小提琴演奏家对音高的敏感度通常都在7个音分以上，专业音乐工作者则在10个音分以上。

而贾湖人在没有任何调音仪器协助的情况下，居然能制作出任何音程都不超过5个音分差的骨笛。其中的奥秘究竟是什么？到目前为止，这仍然是困扰研究者的一个未解之谜。

35

今天你看了吗？

管风琴：世界上最大的乐器

在中世纪的欧洲，每个小镇都有很多的教堂，每当节日到来，教堂里就会传出悠扬的乐曲，飘散在小镇的每个角落。这可不是扩音器的功劳，到底是什么使得音乐声如此洪亮呢？

原来，教堂里安装了一个由许多的音管、键盘、脚踏板以及音栓组成的庞然大物。没错，那洪亮的音乐声就是这个庞然大物发出来的，它被认为是世界上最大的乐器——管风琴。

管风琴是历史上构造最复杂、体积最庞大、造价最昂贵的乐器之一。

在公元前250年，管风琴刚在古罗马出现时，它还只是一个仅拥有一管一音的“小可爱”。但随着时间的推移，它渐渐“长大”了，成了一个拥有几千根音管、几层键盘以及风箱的大家伙。不过要想制成这样一个大家伙，那可得花不少工夫。

管风琴不仅占据着“世界上最大的乐器”这个宝座，它在欧洲乐器中还占有统治地位，它被举世闻名的音乐家莫扎特称为“乐器之王”。到底是什么原因让它享有这样的殊荣呢？

原来，复杂的构造使管风琴拥有其他任何乐器都无法比拟的丰富而辉煌的音响效果。不仅如此，管风琴还是个“模仿高手”，它能够模拟管弦乐队中所有乐器的声音。它的音域宽广，气势雄伟磅礴，能营造肃穆庄严的气氛，它丰富的和声绝不逊色于一支管弦乐队，它是最能激发人类对音乐敬畏之情的乐器。由此看来，管风琴能有这么高的地位也就不足为奇啦！

管风琴教堂

丹麦有着世界上最大的“管风琴”，不过，这座“管风琴”可不是乐器，而是一座教堂。

人们之所以将这座教堂称为“管风琴教堂”，是因为教堂的外形酷似管风琴。

而且在这座教堂里，建造了北欧最大的管风琴。管风琴与教堂浑然一体，形成一座极具特色的建筑艺术品。

管风琴侠侣

管风琴这个“乐器皇帝”十分难伺候，它的演奏难度很高，如今，专业的管风琴音乐家越来越少。

英国演奏家柯林·安德鲁斯与珍妮·费舍尔夫妇，从未放弃过管风琴的演奏，他们已成为古典乐坛独树一帜的“管风

琴侠侣”。

在安德鲁斯看来，管风琴是世界上最浪漫的乐器，演奏它的感觉就像拥有了全世界的幸福，它那变化无穷的音色总是能让人深深陶醉。

如今，这一对管风琴知音，仍在世界各地继续演奏着美妙的乐曲。

键盘乐器的“始祖”

在中世纪的欧洲，音乐家们都渴望自己有朝一日能坐在教堂里演奏管风琴，这代表着无上的荣耀。

演奏者坐在管风琴旁，踩着下面的脚踏板，同时照着乐谱按键盘，弹奏悠扬的乐曲。

这种弹奏方式和现在的钢琴、电子琴之类的键盘乐器的弹奏方式很相似，而实际上，键盘乐器的弹奏方式都是“继承”于管风琴的，管风琴可是键盘乐器的“始祖”呢。

今天你看了吗?

巴马村：闻名世界的长寿之地

健康长寿大概是许多人追求的终极梦想。在中国广西壮族自治区西北山区的巴马瑶族自治县存在着一个神秘的长寿之地——巴马村，它可是世界上著名的长寿之乡！

在这里，全县近30万人中有80多个百岁老人，这对于“人生七十古来稀”的说法而言，还真是一个传奇！

在巴马村，空气可是有魔力的“神气”——空气中负氧离子含量很高。你可千万别小瞧了这些负氧离子，它们是空气中的“维生素”和“长寿素”。它们不仅能调节人的神经系统，促进新陈代谢，还能预防疾病，它们为巴马村村民的长寿做了不少贡献。

很多去过巴马村的人都有一个共同的感觉——在巴马村总是能睡得很好。有人开玩笑说：“这肯定是神仙的力量！”研究认为，这可能是地磁的作用。它不知不觉间悄悄地调节着人脑的电磁波，从而提高人们的睡眠质量。

另外，巴马村的村民热爱劳动，不少80多岁的老人依然愉快地在田间劳作。这也应验了一句老话：生命在于运动。勤劳的巴马村村民生活在这么一个得天独厚的地方，想不长寿也难啊！

小分子大作用

巴马村不仅山好空气好，水也很好。巴马村的泉水放许多年，也不会变质。同时，它还有增强体质、延缓衰老等作用。巴马村的泉水可是地地道道的“生命水”呢！

可究竟是什么让巴马村的泉水如此神奇呢？由于地磁的作用，在巴马村的泉水中“居住”着一种天然小分子团，它们就像一个个可爱的小精灵，可以穿透人体细胞离子通道在人的细胞核和DNA中“自由行动”，这可是普通自来水、矿泉水根本无法做到的。因此巴马村的小分子团水被称为罕见的“健康水”“生命之水”。

健康的山泉浴

在巴马村，山泉浴可是备受推崇呢。每当天气暖和时，在巴马村常常可见村民洗山泉浴，无论男女老少，悠然似神仙，让人不自觉地想起了“桃花源”，是啊，巴马村可不就是一个现实版的桃花源嘛！

其实洗山泉浴也是当地人长寿的秘诀之一。因为长期洗山泉浴，不仅可使肌肤嫩滑，而且可以驱疾健身，益处可多呢！

生命在于运动

在一般人眼里，人要是到了六七十岁，那就该享清福啦。可是在巴马村，六七十岁的年纪可不算老，这个年纪的人都还算是壮劳力呢。

即使到了八九十岁，那也算半个劳力，只有九十岁以上的老人才会坐在家里安心享福。

巴马村百岁以上寿星占人口的比例之高，居世界五个长寿区（其余四个为日本冲绳、意大利卡姆波蒂迈莱、巴基斯坦罕萨、希腊锡米岛）之首。

当地有老人在108岁时，还能一次提起一桶约10千克重的水，仍步履平稳呢。

今天你看了吗?

37 巴西:狂热的足球王国

相信很多人都有过守在电视机前通宵达旦观看足球赛的经历,如果自己支持的球队进球了,喜悦之情溢于言表。世界上有很多国家的人喜欢足球,但只有一个国家被称为“足球王国”,你知道是哪个国家吗?没错,它就是位于南美洲的巴西。从1930年第一届世界杯足球赛举办以来,巴西队就没有缺席过,这在世界足坛可是独一无二的纪录呢!

在巴西,无论男女老少,都喜欢踢足球,正是由于这

浓厚的足球氛围，巴西才会涌现出一个又一个足球巨星。“球王”贝利就是土生土长的巴西人，他曾经创造“一人进八球，一人过九人”的神话。说到世界杯，巴西国家队更是常胜将军，在世界杯的历史上，巴西曾经七次打入决赛、五次夺冠，实力强大的巴西，无疑给世界杯增添了绝佳的看点。

如果你想体会浓厚地道的足球氛围，那去巴西最大的城市里约热内卢绝对是个不错的选择。里约热内卢是公认的“足球之都”，那里的市民对足球如痴如醉，在街头巷尾、房前屋后，随处可见正在踢球的青少年，说不定，未来的足球巨星就在他们之中呢。

在那里的海滩上，每天都会播放足球比赛实况，沙滩、阳光和足球的组合，真是想想都非常美妙呢。当然，一个“足球之都”怎么少得了宏伟的足球场呢，这不，马拉卡纳就是世界上著名的足球场呢！

爱吃烤肉的国家

巴西人除了热爱足球，也热爱烤肉。在巴西吃饭，烤肉是必不可少的。

如果想吃烤牛肉，只要在拿着烤牛肉的服务员经过时打个手势，他就会麻利地用刀片割下喷香的烤肉放进你的盘子里。

飞机之城

巴西的首都巴西利亚之所以被称为“飞机之城”，是因为它的城市结构就像一架飞机。

巴西利亚始建于1956年，而在此前，巴西政府在全国范围内举行了一次前所未有的“城市设计比赛”，在这次比赛中，规划师路西奥·科斯塔的“飞机”方案获得第一名并被采用。从此，巴西利亚开始了飞机城的改造。41个月后，人们在海拔1200米、一片荒凉的巴西中部高原，建成了一座现代化的新城市，这不能不说是一个奇迹!

奇怪的吉祥物

第一次看到2014年巴西世界杯吉祥物的人，肯定会有这样的疑惑："这到底是个什么东西？"有疑惑很正常，因为这个吉祥物真的是太奇怪了。

它看上去既有点像穿山甲，又有点像青蛙，其实，它是一只三色犰狳。可是，巴西人为什么要选它作为吉祥物呢？

原来，犰狳在感受到外部威胁时，会缩成一团，用甲壳保护自己，这时候的它长得和足球很像。

犰狳凭借这一特点，勇夺"巴西世界杯吉祥物"的桂冠。

38

今天你看了吗？

金星：太阳系环境最恶劣的行星

我们都看过《西游记》，知道里面的太白金星是一位慈祥的白胡子老爷爷，不过，在罗马神话中，金星却是美神维纳斯的化身。但在太阳系里，金星这颗星球却不如人们想象的那样温和美好哦！

虽然金星离太阳的距离要比水星离太阳的距离远一倍左右，并且得到的阳光大概只有水星的四分之一，可是

金星的表面温度却高得吓人。

金星的表面温度高达740K，足以融化铅，是太阳系中温度最高的行星。

在这样高的温度下，根本找不到一滴液态水。别说是维纳斯了，就算是变形金刚那样结实的铁块头来到这里，恐怕也会受不了呢！

研究表明，导致金星表面温度居高不下的罪魁祸首，就是“温室效应”。因为金星的大气主要由二氧化碳组成，大气中不含水，而含硫酸。大量二氧化碳的存在使得温室效应在金星上尤为明显，几乎不受昼夜、四季变化的影响。

这样一个高温、闷热、令人窒息的世界，实在不适宜任何生命的成长。

太阳也会从西边升起

在地球上，不只是太阳，包括月亮、星星都是东升西落的，那是因为地球在自西向东自转着。

所有的行星都在自转，金星当然也不例外。但是金星比较有个性，它是反着转的，即自东向西旋转。在金星上空，太阳和星星都从西边升起、往东边落下呢！

地球的“姐妹星”

金星是太阳系中离地球最近的行星，有时也被人叫作地球的“姐妹星”。因为它同地球一样非常年轻，地表年龄约5亿年，而且它的质量大小、体积都与地球类似，并且也被云层和厚厚的大气层所包围。

不过，这对“孪生姐妹”的

“脾气”可大不相同呢！如果说地球是“温柔的姐姐”，那金星就是“暴躁的妹妹”。金星的天空是橙黄色的，经常电闪雷鸣，狂风肆虐，人类观测到的金星上最大的一次闪电持续了15分钟之久呢！

慢腾腾的金星

金星不但反着转，而且动作还很慢。众所周知，地球的自转周期是1天，而金星呢？其自转周期竟然需要243天（以地球的一天为计算单位）！

科学家都在为金星转动的缓慢和逆行而头疼呢！他们推测，这是因为在数十亿年的岁月中，浓厚的大气层上的潮汐效应减缓了金星原来的转速，才造成了如今的状况。

图书在版编目（CIP）数据

看，那些惊人的纪录 / 米家文化编绘. -- 杭州 : 浙江教育出版社，2016.12（2019.4重印）
（蒲公英科学新知系列）
ISBN 978-7-5536-5120-0

Ⅰ. ①看… Ⅱ. ①米… Ⅲ. ①创造发明－世界－少儿读物Ⅳ. ①N19-49

中国版本图书馆CIP数据核字（2016）第283608号

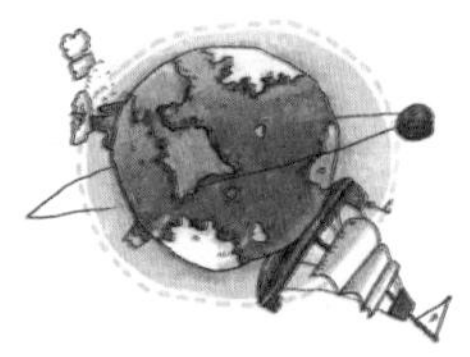

蒲公英科学新知系列
PUGONGYING KEXUE XINZHI XILIE
看，那些惊人的纪录
KAN NAXIE JINGREN DE JILU
米家文化 编绘

出版发行 浙江教育出版社
（杭州市天目山路40号 邮编：310013）

策划编辑 张 帆 **责任编辑** 栗 丽
美术编辑 曾国兴 **责任校对** 陈云霞
责任印务 刘 建 **设计制作** 大米原创

印刷 北京博海升彩色印刷有限公司

开本 710mm×1000mm 1/16 **印张** 10 **字数** 200 000
版次 2016年12月第1版 **印次** 2019年4月第2次印刷
标准书号 ISBN 978-7-5536-5120-0 **定价** 35.00元